Formelsammlung

für Gymnasien
und Schulen mit gymnasialer Oberstufe

Mathematik Physik Chemie

Tim Baumert
Klaus Gerber
Heinz Klaus Strick
Bernd Wurl

Schroedel

Mathematik Sekundarstufe I

Westermann Schroedel Diesterweg Schöningh Winklers GmbH, Braunschweig
www.schroedel.de

Druck A[1]/Jahr 2013
Alle Drucke der Serie A sind im Unterricht parallel verwendbar.

Redaktion: Michael Boßmeyer
Herstellung: Udo Sauter
Umschlaggestaltung: boje5, Braunschweig
Layout: Jesse Konzept & Text GmbH, Hannover
Satz und Grafiken: topset Computersatz, Rudi Warttmann, Nürtingen
Druck: westermann druck GmbH, Braunschweig

ISBN 978-3-507-**73019**-9

Mathematik Sekundarstufe II

Analysis

Analytische Geometrie

Matrizen und lineare Gleichungssysteme

Stochastik

Physik Sekundarstufe I

Physik Sekundarstufe II

Chemie

Mengen und Mengenverknüpfungen

Zahlenmengen

$\mathbb{N} = \{0, 1, 2, 3, 4, ...\}$	Menge der natürlichen Zahlen
$\mathbb{N}^* = \{1, 2, 3, 4, 5, ...\}$	Menge der natürlichen Zahlen ohne Null (nach DIN)
$\mathbb{Z} = \{... , -2, -1, 0, 1, 2, ...\}$	Menge der ganzen Zahlen
$\mathbb{Q} = \left\{\frac{a}{b} \mid a \in \mathbb{Z} \wedge b \in \mathbb{N}^*\right\}$	Menge der rationalen Zahlen (darstellbar als abbrechende oder periodische Dezimalbrüche)
$\mathbb{R}$	Menge der reellen Zahlen (darstellbar als Dezimalbrüche)
$\mathbb{R} \setminus \mathbb{Q}$	Menge der irrationalen Zahlen (darstellbar als nicht-periodische, nicht-abbrechende Dezimalbrüche)
$\mathbb{Z}^*$ ($\mathbb{Q}^*$, $\mathbb{R}^*$)	Menge der ganzen (rationalen, reellen) Zahlen ohne Null

Abgeschlossenes Intervall von a bis b

$[a, b] = \{x \in \mathbb{R} \mid a \leqq x \leqq b\}$

Halboffenes Intervall von a bis b

$[a, b[= \{x \in \mathbb{R} \mid a \leqq x < b\}$

Offenes Intervall von a bis b

$]a, b[= \{x \in \mathbb{R} \mid a < x < b\}$

Offenes Intervall bis a

$]-\infty, a[= \{x \in \mathbb{R} \mid x < a\}$

Mengenverknüpfungen

Die **Vereinigungsmenge A ∪ B** (A vereinigt mit B)	Die **Schnittmenge A ∩ B** (A geschnitten mit B)	Die **Differenzmenge A \ B** (A ohne B)
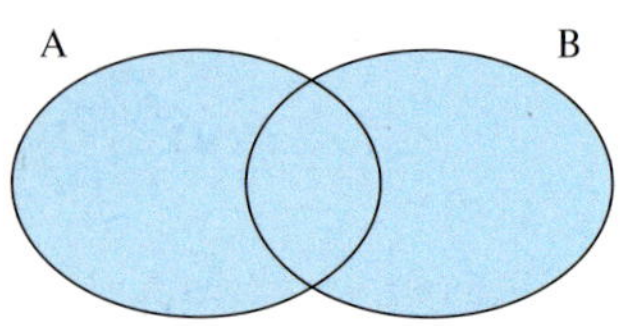	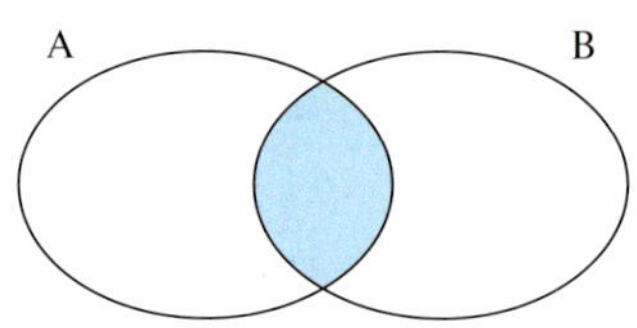	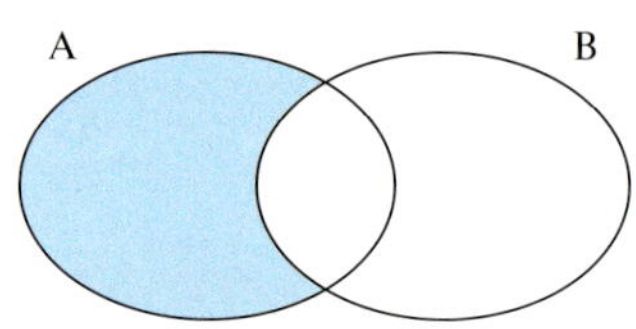
$A \cup B = \{x \mid x \in A \vee x \in B\}$	$A \cap B = \{x \mid x \in A \wedge x \in B\}$	$A \setminus B = \{x \mid x \in A \wedge x \notin B\}$

Gesetze

Kommutativgesetze:	$A \cap B = B \cap A$	$A \cup B = B \cup A$
Assoziativgesetze:	$A \cup (B \cup C) = (A \cup B) \cup C$	$A \cap (B \cap C) = (A \cap B) \cap C$
Distributivgesetze:	$A \cup (B \cap C) = (A \cup B) \cap (A \cup C)$	$A \cap (B \cup C) = (A \cap B) \cup (A \cap C)$
De Morgan'sche Gesetze:	$A \setminus (B \cap C) = (A \setminus B) \cup (A \setminus C)$	$A \setminus (B \cup C) = (A \setminus B) \cap (A \setminus C)$

Rechenoperationen

Bezeichnungen bei den Grundrechenarten

Addition					**Multiplikation**				
a	+	b	=	c	a	·	b	=	c
Summand		Summand		Summe	Faktor		Faktor		Produkt
Subtraktion					**Division**				
a	−	b	=	c	a	:	b	=	c
Minuend		Subtrahend		Differenz	Dividend		Divisor		Quotient

Bruchrechnung

Erweitern	Zähler und Nenner mit der gleichen Zahl multiplizieren	$\frac{a}{b} = \frac{a \cdot c}{b \cdot c}$	
Kürzen	Zähler und Nenner durch die gleiche Zahl dividieren	$\frac{a}{b} = \frac{a : c}{b : c}$	
Addition und Subtraktion	Brüche mit *gleichem* Nenner: Zähler addieren (subtrahieren) und den Nenner beibehalten Brüche mit *verschiedenen* Nennern: Durch Erweitern auf einen gemeinsamen Nenner bringen, dann die Brüche mit gleichem Nenner addieren (subtrahieren).	$\frac{a}{c} + \frac{b}{c} = \frac{a+b}{c}$	$\frac{a}{c} - \frac{b}{c} = \frac{a-b}{c}$
Multiplikation	Zähler mit Zähler und Nenner mit Nenner multiplizieren	$\frac{a}{b} \cdot \frac{c}{d} = \frac{a \cdot c}{b \cdot d}$	$\frac{a}{b} \cdot c = \frac{a \cdot c}{b}$
Division	Mit dem Kehrwert multiplizieren	$\frac{a}{b} : \frac{c}{d} = \frac{a}{b} \cdot \frac{d}{c} = \frac{a \cdot d}{b \cdot c}$	$\frac{a}{b} : c = \frac{a}{b \cdot c}$

Bruch in Dezimalzahl umwandeln: Zähler durch den Nenner dividieren

Rechnen mit positiven und negativen Zahlen

Betrag einer Zahl:

$$|a| = \begin{cases} a, \text{ wenn } a \geqq 0 \\ -a, \text{ wenn } a < 0 \end{cases}$$

(1) $|a + b| \leqq |a| + |b|$

(2) $|a + b| \geqq ||a| - |b||$

Gegenzahl:
Zwei Zahlen heißen Gegenzahlen zueinander, wenn sie denselben Betrag und verschiedene Vorzeichen haben. 0 ist die Gegenzahl zu sich selbst.

Addieren und Subtrahieren

$$a - b = -b + a = \begin{cases} +(a - b) \text{ bei } a > b \\ -(b - a) \text{ bei } b > a \end{cases}$$

$$-a - b = -(a + b)$$

$$a - (-b) = a + b$$

$$-a - (-b) = -a + b$$

Multiplizieren und Dividieren

$a \cdot (-b) = -a \cdot b$	$a : (-b) = -\frac{a}{b}$
$-a \cdot b = -a \cdot b$	$-a : b = -\frac{a}{b}$
$-a \cdot (-b) = +a \cdot b$	$-a : (-b) = +\frac{a}{b}$

Umformungen von Termen, Gleichungen und Ungleichungen

Rechengesetze

Kommutativgesetze: $a + b = b + a$ $\qquad a \cdot b = b \cdot a$

Assoziativgesetze: $a + (b + c) = (a + b) + c$ $\qquad a \cdot (b \cdot c) = (a \cdot b) \cdot c$

Distributivgesetze: $a \cdot (b + c) = a \cdot b + a \cdot c$
$(a + b) : c = a : c + b : c$

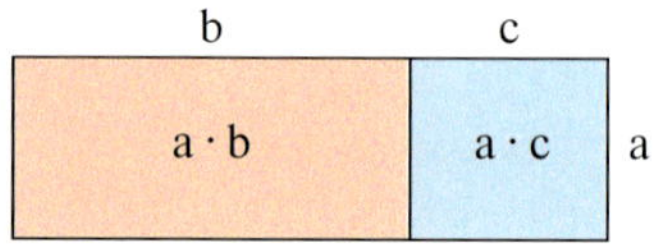

Produkt von Summen, Binomische Formeln

Multiplikation von Summen:

$(a + b)(c + d) = ac + ad + bc + bd$

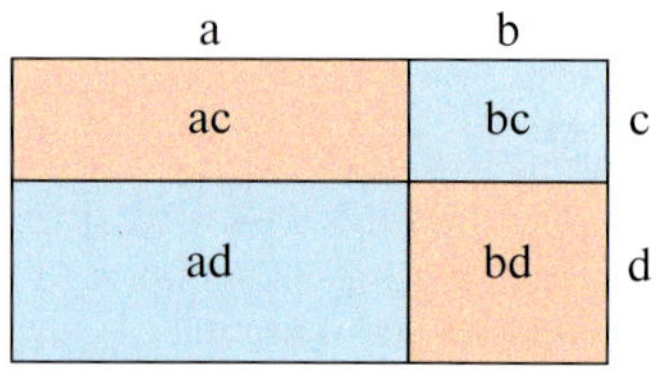

Binomische Formeln:

(1) $(a + b)^2 = a^2 + 2ab + b^2$
(2) $(a - b)^2 = a^2 - 2ab + b^2$
(3) $(a + b)(a - b) = a^2 - b^2$

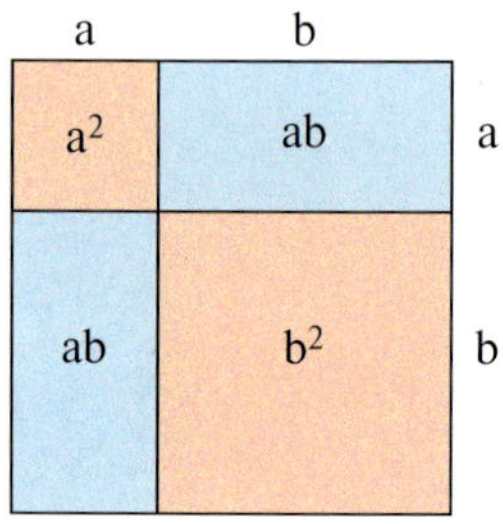

$(a + b)^3 = a^3 + 3a^2b + 3ab^2 + b^3$
$(a - b)^3 = a^3 - 3a^2b + 3ab^2 - b^3$
$a^3 - b^3 = (a - b)(a^2 + ab + b^2)$

Äquivalenzumformungen von Gleichungen und Ungleichungen

Zwei Gleichungen (Ungleichungen) mit derselben Grundmenge G und derselben Variablen heißen **äquivalent bezüglich G**, wenn sie dieselbe Lösungsmenge L besitzen.

Folgende Operationen bei Gleichungen sind **Äquivalenzumformungen:**

Auf beiden Seiten wird dieselbe Zahl addiert oder subtrahiert oder mit derselben Zahl außer Null multipliziert bzw. durch sie dividiert.

$a = b \Leftrightarrow a \pm c = b \pm c$
$\left.\begin{array}{l} a = b \Leftrightarrow a \cdot c = b \cdot c \\ a = b \Leftrightarrow a : c = b : c \end{array}\right\}$ für $c \neq 0$

Bei Ungleichungen gelten dieselben Umformungsregeln mit einer Ausnahme:
Multipliziert man mit einer negativen Zahl oder dividiert durch sie, so kehrt sich das Ungleichheitszeichen um (Inversionsgesetz).

$a > b \Leftrightarrow a \pm c > b \pm c$

$\left.\begin{array}{l} a > b \Leftrightarrow a \cdot c > b \cdot c \\ a > b \Leftrightarrow a : c > b : c \end{array}\right\}$ für $c > 0$

$\left.\begin{array}{l} a > b \Leftrightarrow a \cdot c < b \cdot c \\ a > b \Leftrightarrow a : c < b : c \end{array}\right\}$ für $c < 0$

Lineare Gleichungen mit 2 Variablen

Eine Gleichung mit 2 Variablen heißt linear, wenn sie durch Äquivalenzumformungen in die Form $dx + ey = f$ gebracht werden kann.
x und y sind die Variablen der Gleichung; d, e und f heißen *Formvariablen*.
Lösungen einer Gleichung mit 2 Variablen sind *Zahlenpaare* $(x \mid y)$.
Die gesamte Lösungsmenge stellt sich im Koordinatensystem als Gerade dar.

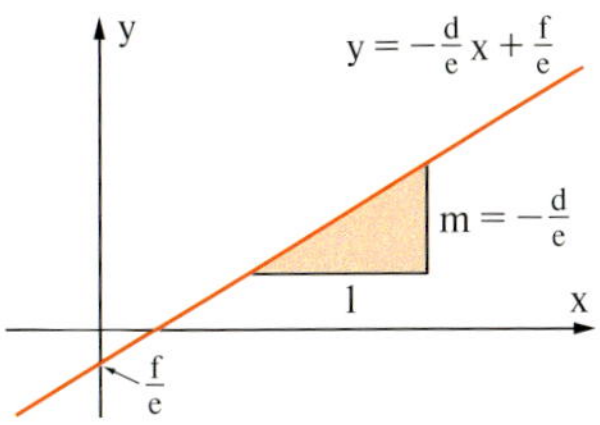

$d \neq 0,\ e \neq 0$

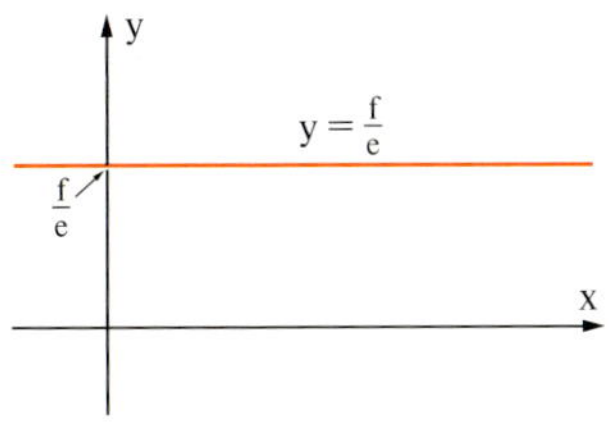

$d = 0,\ e \neq 0$

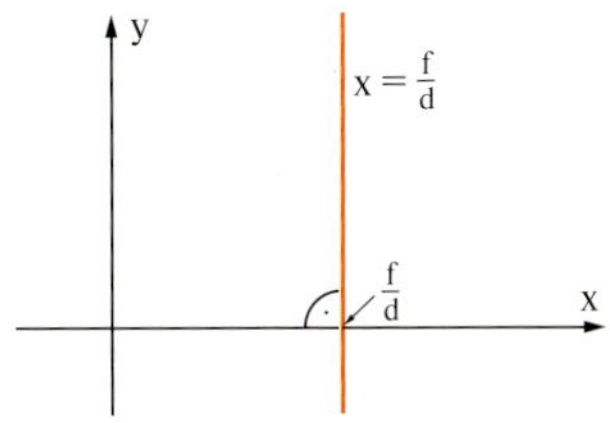

$d \neq 0,\ e = 0$

Systeme linearer Gleichungen mit 2 Variablen (LGS)

$$\left| \begin{array}{l} dx + ey = f \\ gx + hy = i \end{array} \right|$$

Zwei lineare Gleichungen mit 2 Variablen stellen ein lineares Gleichungssystem (LGS) dar. Die Lösungsmenge des LGS enthält alle Zahlenpaare, die **beide** Gleichungen erfüllen. Geometrisch erhält man die Lösung mithilfe der zugehörigen Geraden.

1. Das LGS hat genau eine Lösung.

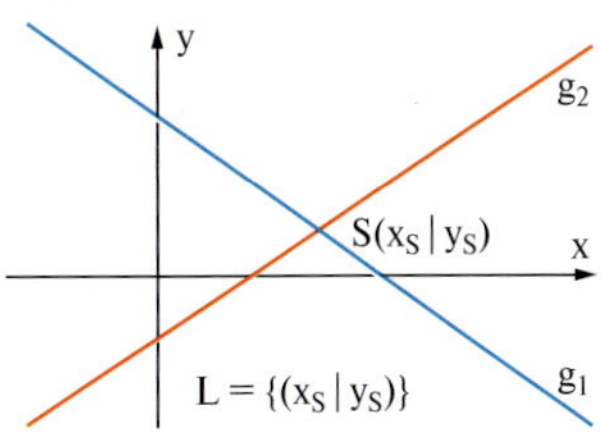

2. Das LGS hat keine Lösung.

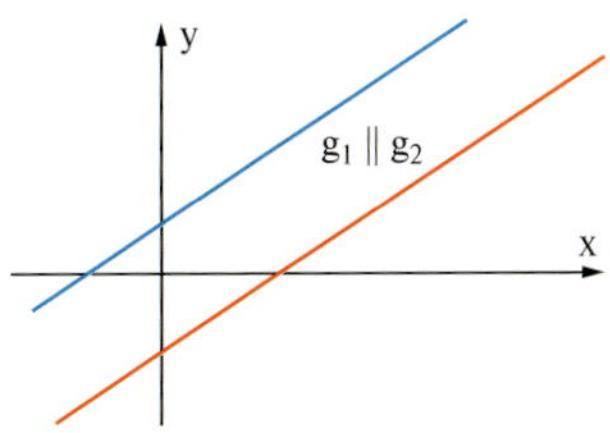

3. Das LGS hat unendlich viele Lösungen.

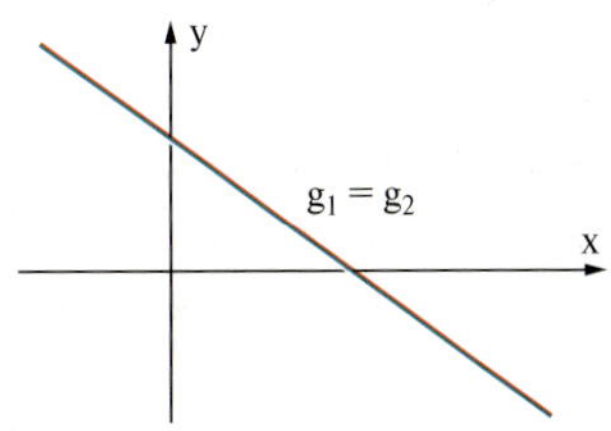

Rechnerische Verfahren zur Lösung von LGS

Gleichsetzungsverfahren

(1) Beide Gleichungen werden nach derselben Variablen aufgelöst.
$$\left| \begin{array}{l} y = t_1(x) \\ y = t_2(x) \end{array} \right|$$
(2) Die rechten Seiten werden gleichgesetzt: $t_1(x) = t_2(x)$.
(3) Die Gleichung aus (2) wird gelöst (Lösung für 1. Variable).
(4) Die Lösung aus (3) wird in eine der aufgelösten Gleichungen eingesetzt (Lösung für 2. Variable).

Einsetzungsverfahren

(1) Eine Gleichung wird nach einer Variablen aufgelöst.
$y = t(x)$
(2) In die andere Gleichung $dx + ey = f$ wird eingesetzt:
$dx + e \cdot t(x) = f$
(3) Die Gleichung aus (2) wird gelöst (1. Variable).
(4) Die Lösung aus (3) wird in die aufgelöste Gleichung aus (1) eingesetzt (2. Variable).

Additionsverfahren

(1) Beide Gleichungen werden so mit Zahlen multipliziert, dass für eine Variable Term und Gegenterm auftreten.
$$\left| \begin{array}{r} gx + hy = i \\ -gx + ky = m \end{array} \right|$$
(2) Die linken und die rechten Gleichungsseiten werden jeweils addiert, die Summen gleichgesetzt und die neue Gleichung wird gelöst (1. Variable).
(3) Die Lösung aus (2) wird in eine Ausgangsgleichung eingesetzt (2. Variable).

Potenzen, Wurzeln, Logarithmen

Potenzen und Wurzeln

Potenz	a^n — Exponent: n, Basis: a	$a^n = \underbrace{a \cdot a \cdot \ldots \cdot a}_{n\ \text{Faktoren}}$ $\quad a^1 = a \quad$ $\underbrace{a^0 = 1 \text{ und } a^{-n} = \frac{1}{a^n}}_{\text{für } a \neq 0}$
Wurzel	$\sqrt[n]{a}$ — Wurzelexponent: n, Radikand: a	$\sqrt[n]{a} = b \Leftrightarrow b^n = a$ mit $a > 0, b > 0, n > 1$ Für $\sqrt[2]{a}$ schreibt man kurz $\sqrt{a}$. Für $a > 0$, $m \in \mathbb{Z}$ und $n \in \mathbb{N}^*$ gilt: $a^{\frac{1}{n}} = \sqrt[n]{a}$ und $a^{\frac{m}{n}} = \sqrt[n]{a^m} = \left(\sqrt[n]{a}\right)^m$

Potenz- und Wurzelgesetze

Potenzgesetze	*Wurzelgesetze*
(1) $a^p \cdot a^r = a^{p+r}$	$\sqrt[n]{a^n} = \left(\sqrt[n]{a}\right)^n = a$
(2) $a^p : a^r = a^{p-r}$	$\sqrt[n]{a^m} = \left(\sqrt[n]{a}\right)^m$
(3) $a^p \cdot b^p = (ab)^p$	$\sqrt[n]{a} \cdot \sqrt[n]{b} = \sqrt[n]{ab}$
(4) $a^p : b^p = \left(\frac{a}{b}\right)^p$	$\sqrt[n]{a} : \sqrt[n]{b} = \sqrt[n]{\frac{a}{b}}$
(5) $(a^p)^r = a^{pr}$	$\sqrt[m]{\sqrt[n]{a}} = \sqrt[mn]{a}$

Logarithmen und Logarithmengesetze

Der Logarithmus von b zur Basis a ist derjenige Exponent c, mit dem man a potenzieren muss, um b zu erhalten:

$\log_a b = c \Leftrightarrow a^c = b \quad$ für $a > 0, a \neq 1, b > 0$

Für alle $a > 0, a \neq 1$ gilt: $\log_a 1 = 0$

Zehnerlogarithmus: $\log_{10} b = \log b$ (auch $\lg b$)

natürlicher Logarithmus: $\log_e b = \ln b$ mit $e = 2{,}71828\ldots$ (EULER'sche Zahl)

Logarithmengesetze:

(1) $\log_a (b \cdot c) = \log_a b + \log_a c$

(2) $\log_a \left(\frac{b}{c}\right) = \log_a b - \log_a c$; Sonderfall: $\log_a \left(\frac{1}{c}\right) = -\log_a c$

(3) $\log_a (b^r) = r \cdot \log_a b$; Sonderfall: $\log_a \sqrt[n]{b} = \frac{1}{n} \cdot \log_a b$

Berechnung von beliebigen Logarithmen

Für alle $a, b, c > 0$ und $a \neq 1, c \neq 1$ gilt: $\log_a b = \frac{\log_c b}{\log_c a}$

Speziell gilt: $\log_a b = \frac{\log b}{\log a} = \frac{\ln b}{\ln a}$

Prozent- und Zinsrechnung

Prozentrechnung

$P = G \cdot \frac{p}{100}$ bzw. $P = G \cdot p\,\%$ — G = Grundwert; P = Prozentwert; p % = Prozentsatz

Vermehrter (verminderter) Grundwert E nach prozentualem Zuschlag (Abschlag):

$E = G \cdot \left(1 \pm \frac{p}{100}\right) = G \cdot q$ — $q = 1 \pm \frac{p}{100}$ heißt prozentualer Zu- bzw. Abschlagsfaktor.

Zinsrechnung

	Zinsen für 1 Jahr	Zinsen für t Tage	Zinsen für m Monate
K = Kapital			
Z = Zinsen	$Z = K \cdot \frac{p}{100}$	$Z = K \cdot \frac{p}{100} \cdot \frac{t}{360}$	$Z = K \cdot \frac{p}{100} \cdot \frac{m}{12}$
$p\,\% = \frac{p}{100}$ = Jahreszinssatz			
Das Jahr hat 360 Zinstage.	1 Jahr	= 360 d	= 12 Monate à 30 d

Zinseszinsrechnung

$K_n = K_0 \cdot q^n$ mit K_0 als Anfangskapital
n ist die Anzahl der Jahre.
K_n ist das Endkapital nach n Jahren bei jährlicher Verzinsung.
q ist der Zinsfaktor, also $q = 1 + \frac{p}{100}$.
$\frac{p}{100} = p\,\%$ ist der Jahreszinssatz.

Rentenformeln, Schuldentilgungsformel

(1) Regelmäßige Einzahlung des Betrages r am Jahresende $K_n = \frac{r(q^n - 1)}{q - 1}$

(2) Regelmäßige Einzahlung des Betrages r am Jahresanfang $K_n = \frac{rq(q^n - 1)}{q - 1}$

(3) Vermehrung (Verminderung) eines Kapitals K durch regelmäßige Zuzahlung (Abhebung) eines festen Betrages r am Jahresende $K_n = K \cdot q^n +(-) \frac{r(q^n - 1)}{q - 1}$

(4) Vermehrung (Verminderung) eines Kapitals K durch regelmäßige Zuzahlung (Abhebung) eines festen Betrages r am Jahresanfang $K_n = K \cdot q^n +(-) \frac{rq(q^n - 1)}{q - 1}$

(5) Tilgung eines Darlehens D durch regelmäßige Ratenzahlung r am Jahresende $r = \frac{D \cdot q^n(q - 1)}{q^n - 1}$

In allen Formeln ist q der Zinsfaktor, p % der Jahreszinssatz und n die Anzahl der Jahre.
Die Formeln gelten auch für kürzere Zinszeiträume:
Ist p % der Monatszinssatz, steht n für die Anzahl der Monate.

Lineare und quadratische Funktionen

Lineare Funktionen und Geradengleichungen

Funktionen, deren Gleichungen in der Form $f(x) = mx + b$ geschrieben werden können, heißen *lineare Funktionen*.
Der Graph einer linearen Funktion ist eine Gerade. Sie schneidet die y-Achse im Punkt $(0 \mid b)$ und hat die *Steigung* m. b heißt *Achsenabschnitt*.

Die Gleichung $y = mx + b$ heißt auch *Geradengleichung*.

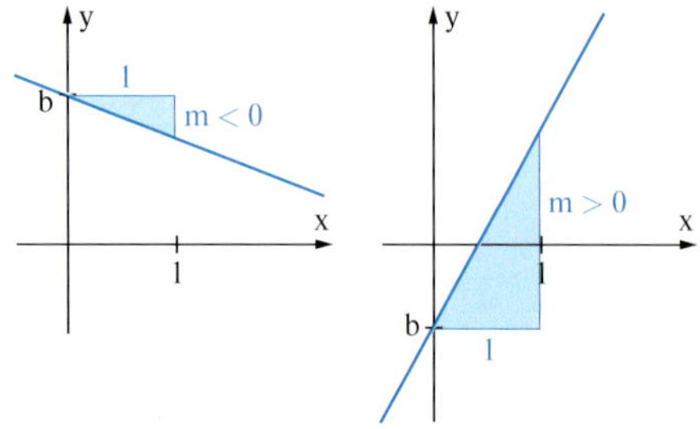

Formen der Geradengleichung, Abstands- und Mittelpunktsberechnung

Hauptform der Geradengleichung: $y = mx + b$

Zwei-Punkte-Form

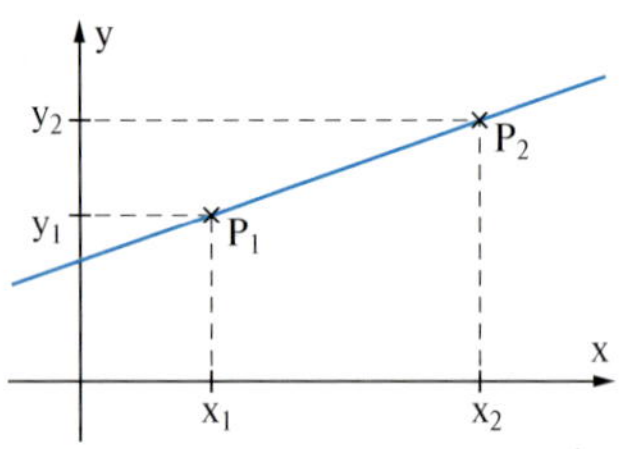

$$\frac{y - y_1}{x - x_1} = \frac{y_2 - y_1}{x_2 - x_1}$$

Punkt-Steigungs-Form

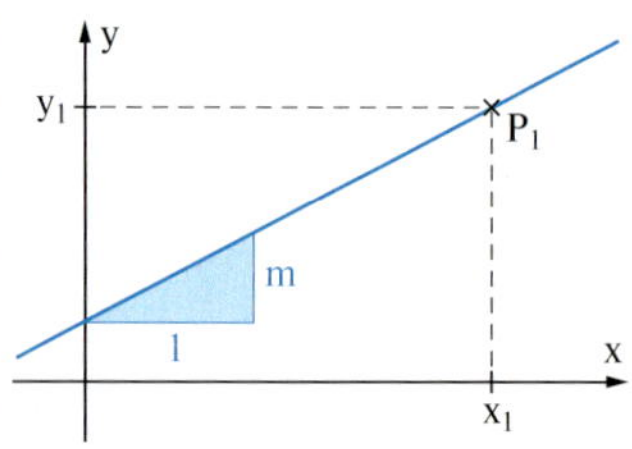

$$\frac{y - y_1}{x - x_1} = m$$

Achsenabschnittsform

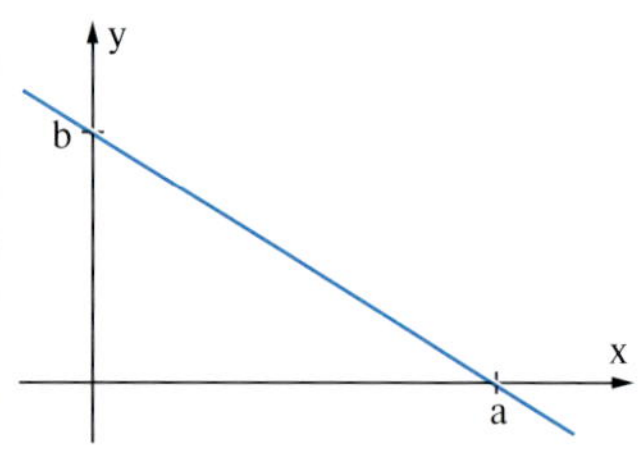

$$\frac{x}{a} + \frac{y}{b} = 1$$

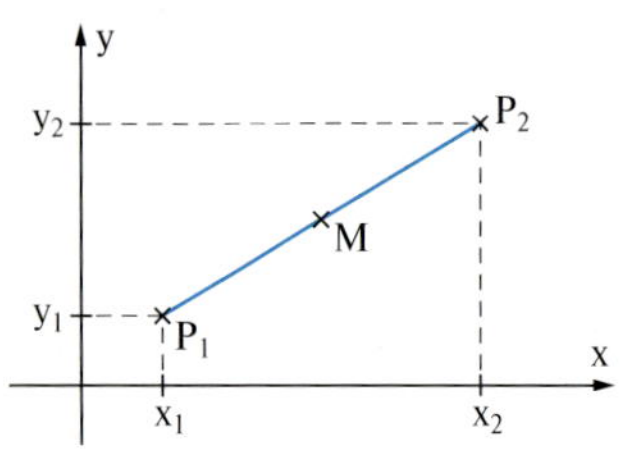

Abstand zweier Punkte: $d = \sqrt{(x_2 - x_1)^2 + (y_2 - y_1)^2}$

Mittelpunkt einer Strecke: $M = \left(\frac{x_1 + x_2}{2} \,\middle|\, \frac{y_1 + y_2}{2}\right)$

Zueinander senkrechte Geraden

Für Geraden g_1 und g_2 mit den Steigungen $m_1 \in \mathbb{R}^*$ und $m_2 \in \mathbb{R}^*$ gilt:

$g_1 \perp g_2 \Leftrightarrow m_1 \cdot m_2 = -1$

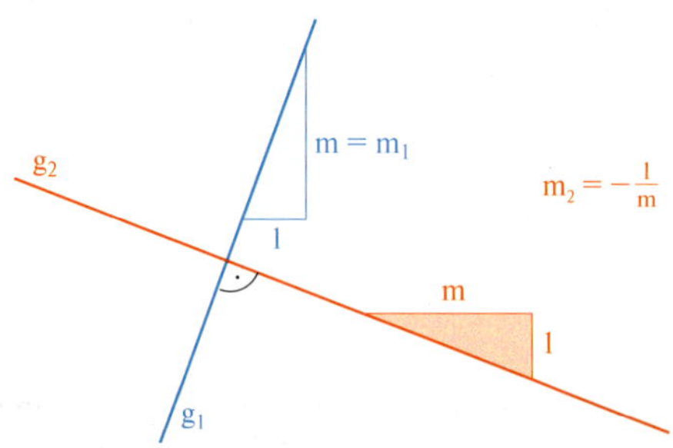

Parabeln als Graphen von quadratischen Funktionen

Funktionen, deren Gleichungen in der Form $f(x) = ax^2 + bx + c$ mit $a \neq 0$ geschrieben werden können, heißen *quadratische Funktionen*.

Die Graphen quadratischer Funktionen sind *Parabeln*.

$a > 0$: Die Parabel ist nach oben geöffnet.
$a < 0$: Die Parabel ist nach unten geöffnet.

Je größer der Betrag von a ist, desto enger (steiler) verläuft die Parabel.

Der Graph der Funktion $f(x) = x^2$ heißt *Normalparabel*.

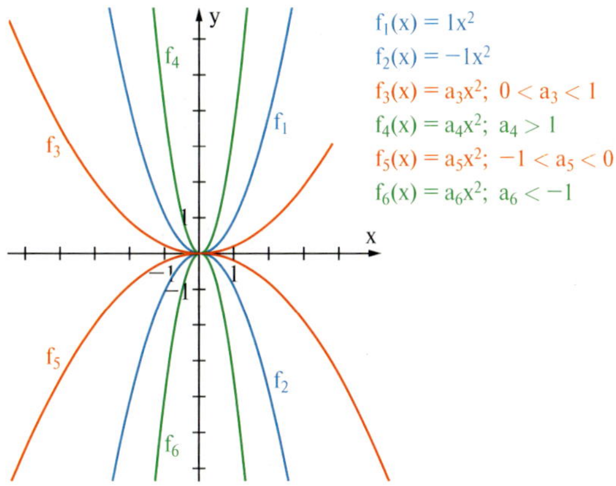

Die Graphen von Funktionen, deren Gleichungen in die Form $f(x) = (x - d)^2 + e$ gebracht werden können, heißen *verschobene Normalparabeln*.

Ihr Scheitelpunkt ist $S(d\,|\,e)$.

Allgemein: Die quadratische Funktion $f(x) = ax^2 + bx + c$ kann in die *Scheitelpunktform* $f(x) = a(x - h)^2 + k$ gebracht werden. Dann ist $S(h\,|\,k)$ der Scheitelpunkt des Graphen.

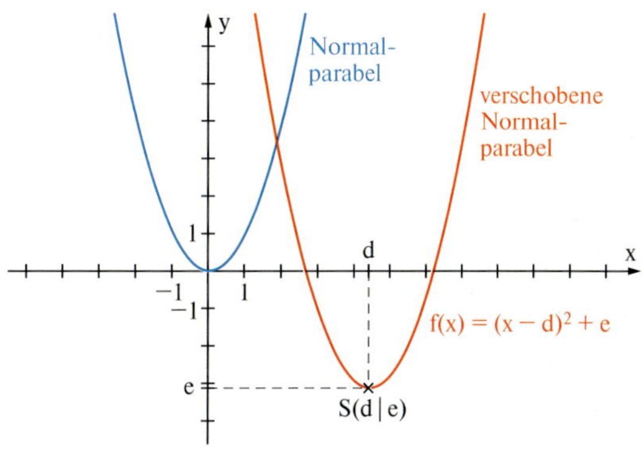

Quadratische Gleichungen

Eine Gleichung, die in der Form $ax^2 + bx + c = 0$ mit $a \neq 0$ geschrieben werden kann, heißt **quadratische Gleichung**. Nach Division durch a erhält man die **Normalform** $x^2 + px + q = 0$.

Die Zahl der Lösungen hängt von der Diskriminante D ab: $D = \left(\frac{p}{2}\right)^2 - q$

$D > 0$: 2 Lösungen	$D = 0$: 1 Lösung	$D < 0$: keine Lösung
$x_1 = -\frac{p}{2} + \sqrt{\left(\frac{p}{2}\right)^2 - q}$ und $x_2 = -\frac{p}{2} - \sqrt{\left(\frac{p}{2}\right)^2 - q}$	$x = -\frac{p}{2}$	

Satz des Vieta:
x_1 und x_2 sind genau dann Lösungen der quadratischen Gleichung $x^2 + px + q = 0$, wenn gilt:
(1) $x_1 + x_2 = -p$ und (2) $x_1 \cdot x_2 = q$
D. h. q ist das Produkt und p die negative Summe der beiden Lösungen.
Die quadratische Gleichung lässt sich dann in der Form $(x - x_1)(x - x_2) = 0$ darstellen.

Potenz- und Wurzelfunktionen, Exponential- und Logarithmusfunktionen

Potenzfunktionen

Funktionen mit Gleichungen der Form $f(x) = x^n$, $n \in \mathbb{R}^*$, heißen *Potenzfunktionen*.

Graphen von Potenzfunktionen ...

... mit geraden, positiven Exponenten

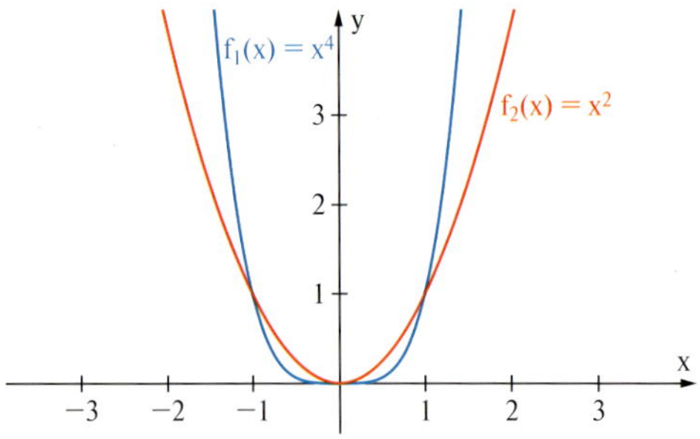

$D = \mathbb{R}$, $W = \mathbb{R}_0^+$

... mit geraden, negativen Exponenten

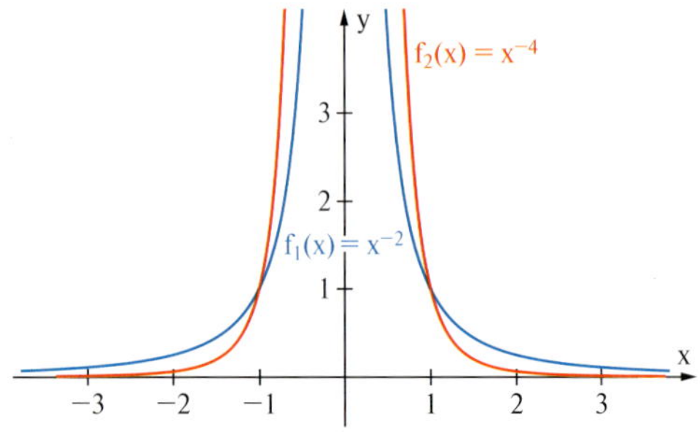

$D = \mathbb{R}^*$, $W = \mathbb{R}^+$

Die Graphen verlaufen durch $(1 \mid 1)$ und $(-1 \mid 1)$ und sind achsensymmetrisch zur y-Achse.

... mit ungeraden, positiven Exponenten

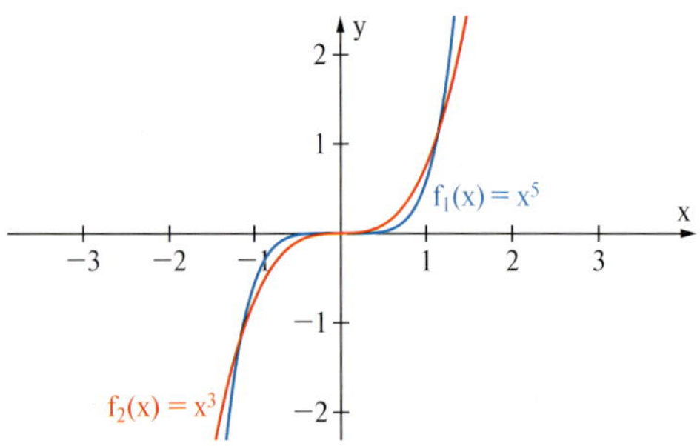

$D = \mathbb{R}$, $W = \mathbb{R}$

... mit ungeraden, negativen Exponenten

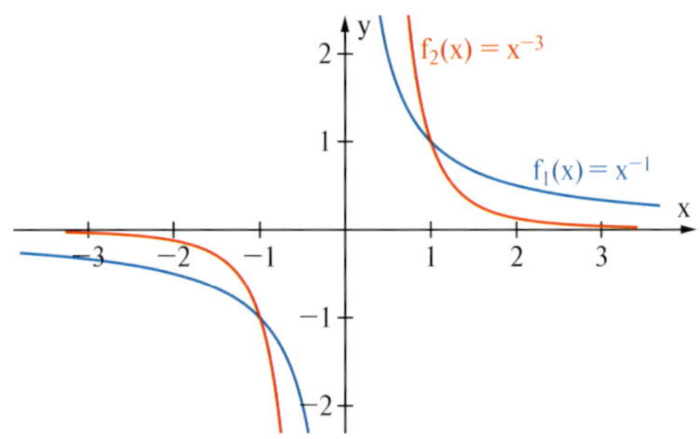

$D = \mathbb{R}^*$, $W = \mathbb{R}^*$

Die Graphen verlaufen durch $(1 \mid 1)$ und $(-1 \mid -1)$ und sind punktsymmetrisch zum Koordinatenursprung.

Wurzelfunktionen

Funktionen mit Gleichungen der Form $f(x) = \sqrt[n]{x}$, $n \in \mathbb{N}^* \setminus \{1\}$, heißen *Wurzelfunktionen*.
Wurzelfunktionen sind Umkehrfunktionen von Potenzfunktionen.

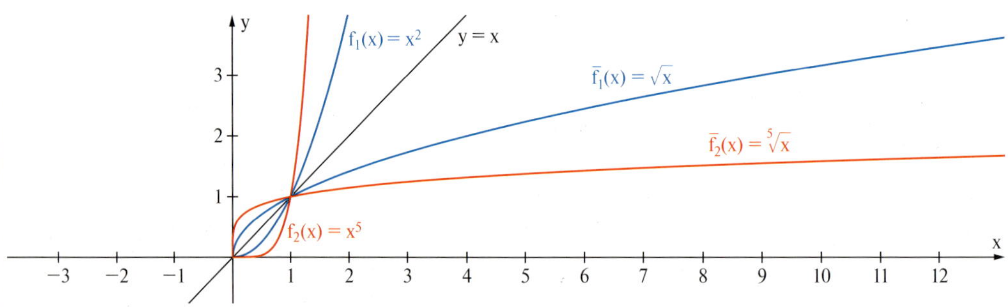

Definitionsbereich $\mathbb{R}_0^+$, Wertebereich $\mathbb{R}_0^+$

Exponentialfunktionen

Funktionen mit Gleichungen der Form $f(x) = a^x$ mit $a > 0$ und $a \neq 1$ heißen *Exponentialfunktionen*.

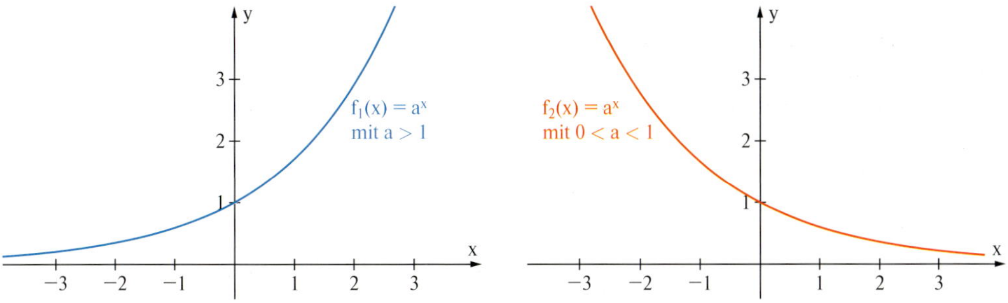

Definitionsbereich $\mathbb{R}$, Wertebereich $\mathbb{R}^+$

Logarithmusfunktionen

Logarithmusfunktionen sind Umkehrfunktionen von Exponentialfunktionen.

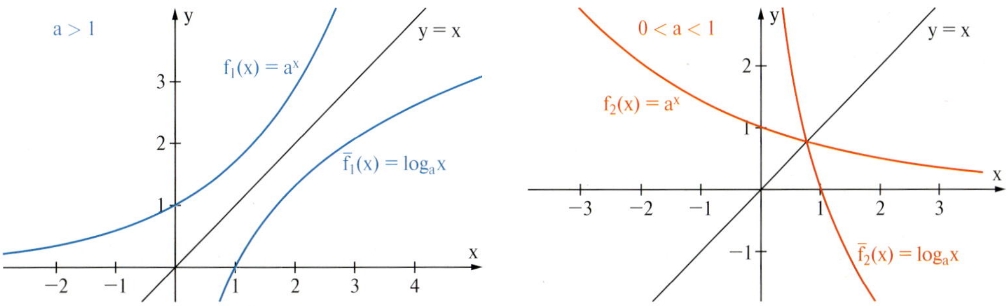

Definitionsbereich $\mathbb{R}^+$, Wertebereich $\mathbb{R}$

Natürlicher und dekadischer Logarithmus

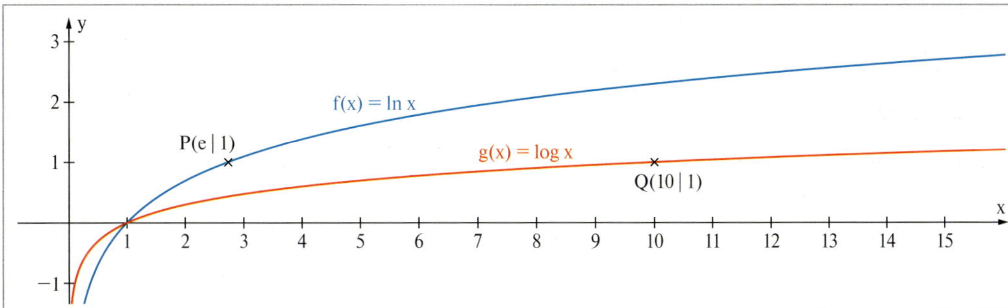

Exponentialgleichungen

Gleichungen, bei denen die Variable im Exponenten einer Potenz steht, heißen *Exponentialgleichungen*.

Sie werden durch *Logarithmieren* gelöst. Dabei kann man sowohl den Zehnerlogarithmus als auch den natürlichen Logarithmus verwenden.

$a^x = b$ hat die Lösung $x = \frac{\log b}{\log a}$

$a^{bx+c} = d$ hat die Lösung $x = \frac{\frac{\log d}{\log a} - c}{b}$

Wachstumsprozesse

Lineares Wachstum

Lineares Wachstum liegt vor, wenn die Veränderung in Abhängigkeit von einer Größe x durch eine Funktionsgleichung der Form $f(x) = mx + b$ mit $m \neq 0$ beschrieben werden kann.

Der Graph ist eine Gerade.

$m < 0$: lineare Abnahme

$m > 0$: lineare Zunahme

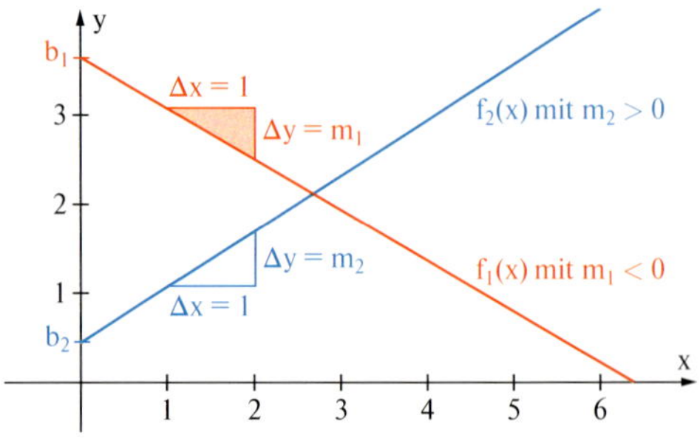

Quadratisches Wachstum

Quadratisches Wachstum liegt vor, wenn die Veränderung in Abhängigkeit von einer Größe x durch eine Funktionsgleichung der Form $f(x) = ax^2 + bx + c$ mit $a \neq 0$ beschrieben werden kann.

Der Graph ist eine Parabel.

$a < 0$: quadratische Abnahme

$a > 0$: quadratische Zunahme

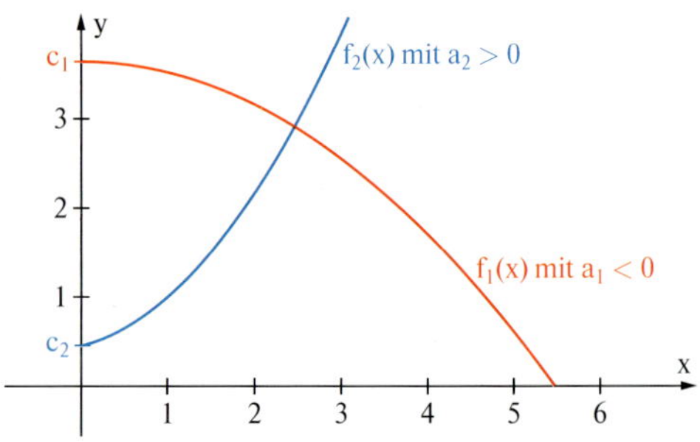

Exponentielles Wachstum

Exponentielles Wachstum liegt vor, wenn die Veränderung in Abhängigkeit von einer Größe x durch eine Funktionsgleichung der Form $f(x) = a \cdot q^x$ mit $a \neq 0$ und $q > 0$ beschrieben werden kann.

In gleichen Abständen der Größe x (z. B. der Zeit) wird die zugeordnete Größe f(x) mit dem gleichen Faktor q multipliziert.

Der Faktor q heißt *Wachstumsfaktor.*

$q < 1$: exponentielle Abnahme

$q > 1$: exponentielle Zunahme

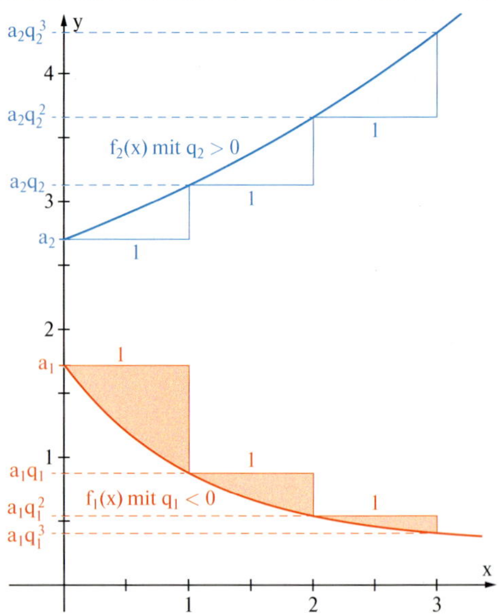

Trigonometrische Funktionen

Definitionen am Einheitskreis

$\sin\alpha$: y-Koordinate von P

$\cos\alpha$: x-Koordinate von P

$\tan\alpha$: y-Koordinate von T

t ist Tangente an den Kreis im Punkt P(1 | 0).

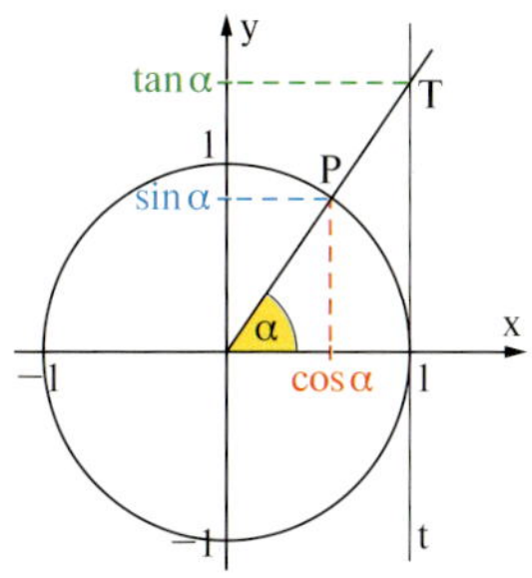

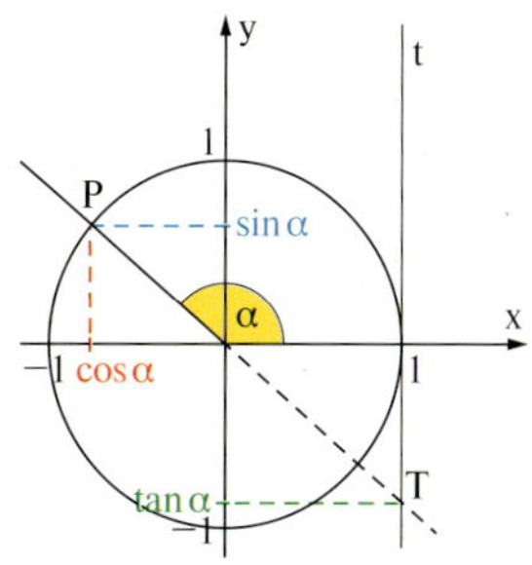

Zusammenhänge

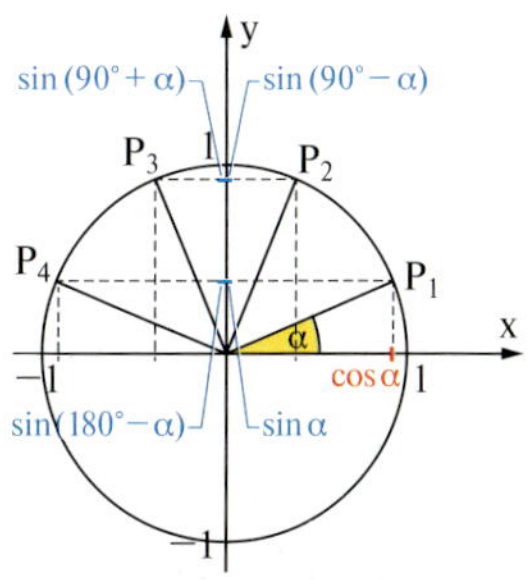

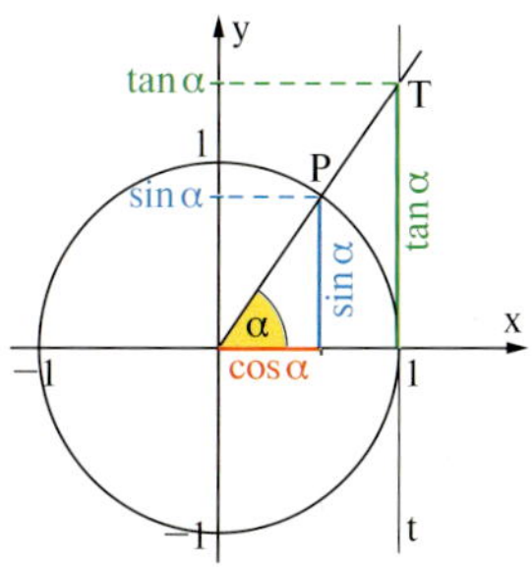

(1) $\sin(90° + \alpha) = \sin(90° - \alpha)$
$\sin\alpha = \sin(180° - \alpha)$

(2) $\cos\alpha = \sin(90° - \alpha)$

(3) $\sin^2\alpha + \cos^2\alpha = 1$

(4) $\tan\alpha = \frac{\sin\alpha}{\cos\alpha}$

Bogenmaß, besondere Funktionswerte

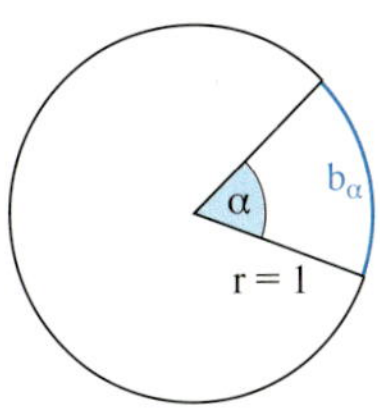

$\frac{b_\alpha}{2\pi} = \frac{\alpha}{360°}$

α: Gradmaß; b_α: Bogenmaß

α	45°	90°	180°	270°	360°
b_α	$\frac{\pi}{4}$	$\frac{\pi}{2}$	π	$\frac{3\pi}{2}$	2π

	0°	30°	45°	60°	90°
sin	0	$\frac{1}{2}$	$\frac{1}{2}\sqrt{2}$	$\frac{1}{2}\sqrt{3}$	1
cos	1	$\frac{1}{2}\sqrt{3}$	$\frac{1}{2}\sqrt{2}$	$\frac{1}{2}$	0
tan	0	$\frac{1}{3}\sqrt{3}$	1	$\sqrt{3}$	—

Additionstheoreme und weitere Umformungen

$\sin(\alpha \pm \beta) = \sin\alpha\cos\beta \pm \cos\alpha\sin\beta$

$\cos(\alpha \pm \beta) = \cos\alpha\cos\beta \mp \cos\alpha\sin\beta$

$\tan(\alpha \pm \beta) = \frac{\tan\alpha \pm \tan\beta}{1 \mp \tan\alpha\tan\beta}$

$\sin 2\alpha = 2\sin\alpha\cos\alpha$

$\cos 2\alpha = \cos^2\alpha - \sin^2\alpha$

$\sin 3\alpha = 3\sin\alpha - 4\sin^3\alpha$

$\cos 3\alpha = 4\cos^3\alpha - 3\cos\alpha$

$\sin\alpha + \sin\beta = 2\sin\left(\frac{\alpha+\beta}{2}\right)\cos\left(\frac{\alpha-\beta}{2}\right)$

$\sin\alpha - \sin\beta = 2\cos\left(\frac{\alpha+\beta}{2}\right)\sin\left(\frac{\alpha-\beta}{2}\right)$

$\cos\alpha + \cos\beta = 2\cos\left(\frac{\alpha+\beta}{2}\right)\cos\left(\frac{\alpha-\beta}{2}\right)$

$\cos\alpha - \cos\beta = -2\sin\left(\frac{\alpha+\beta}{2}\right)\sin\left(\frac{\alpha-\beta}{2}\right)$

$\tan 2\alpha = \frac{2\tan\alpha}{1 - \tan^2\alpha}$ $\quad \sin\frac{\alpha}{2} = \pm\sqrt{\frac{1-\cos\alpha}{2}}$ $\quad \cos\frac{\alpha}{2} = \pm\sqrt{\frac{1+\cos\alpha}{2}}$ $\quad \tan\frac{\alpha}{2} = \frac{\sin\alpha}{1+\cos\alpha}$

Funktionsgraphen

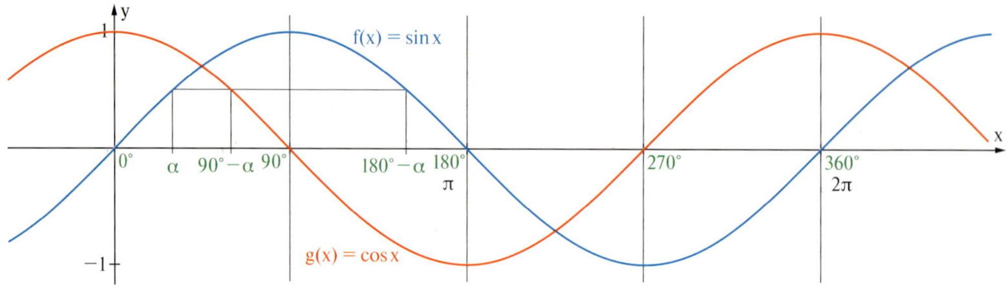

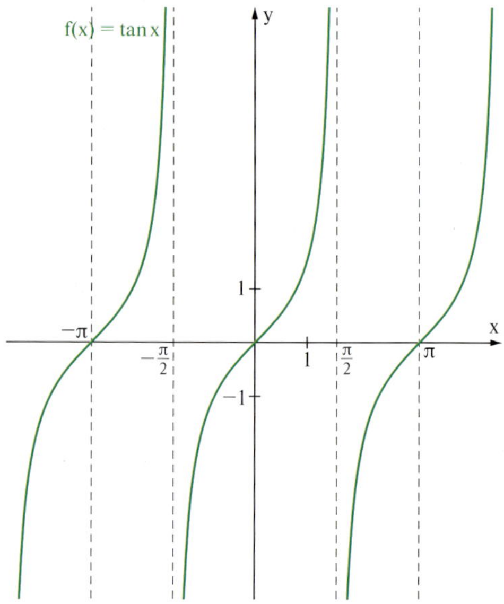

Sinus:
$D = \mathbb{R}$, $W = [-1; 1]$
Periodenlänge 2π
Der Graph ist punktsymmetrisch zu $(k \cdot \pi \mid 0)$ und achsensymmetrisch zu $x = (2k + 1) \cdot \frac{\pi}{2}$, $k \in \mathbb{Z}$.

Kosinus:
$D = \mathbb{R}$, $W = [-1; 1]$
Periodenlänge 2π
Der Graph ist punktsymmetrisch zu $((2k + 1) \cdot \frac{\pi}{2} \mid 0)$ und achsensymmetrisch zu $x = k \cdot \pi$, $k \in \mathbb{Z}$.

Tangens:
$D = \mathbb{R} \setminus \left\{\frac{\pi}{2}, -\frac{\pi}{2}, \frac{3\pi}{2}, -\frac{3\pi}{2}, \frac{5\pi}{2}, -\frac{5\pi}{2}, \ldots\right\}$
$W = \mathbb{R}$
Periodenlänge π
Der Graph ist punktsymmetrisch zu $(k \cdot \frac{\pi}{2} \mid 0)$, $k \in \mathbb{Z}$.

Allgemeine Sinusfunktionen

Amplitudenänderung

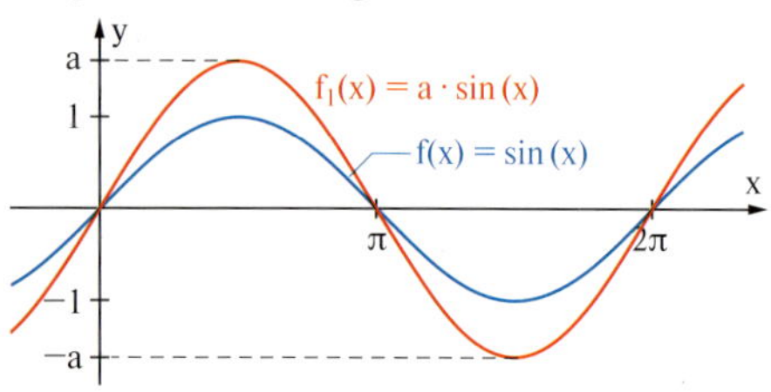

Frequenzänderung

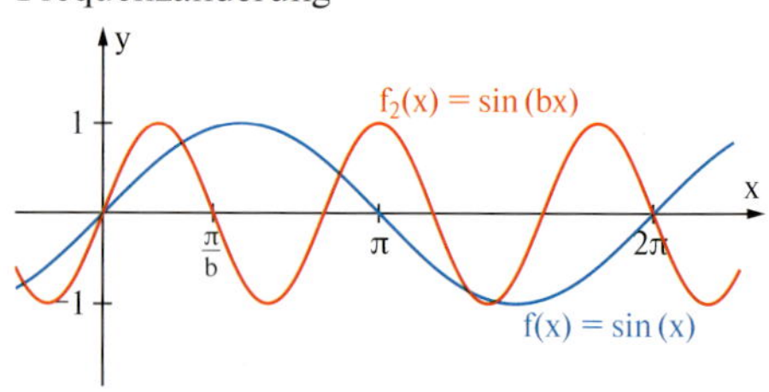

Phasenänderung

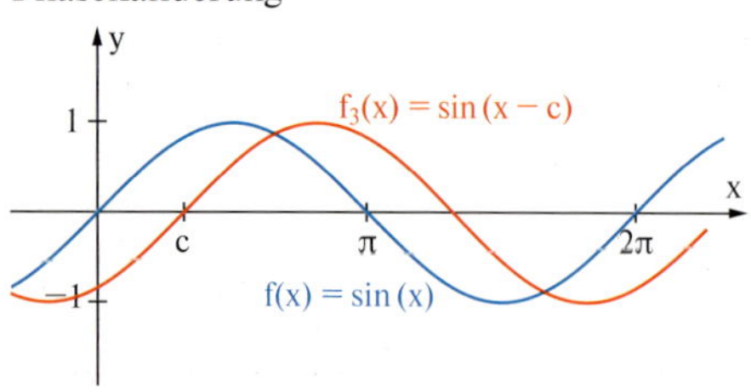

Verschiebung in Richtung der y-Achse

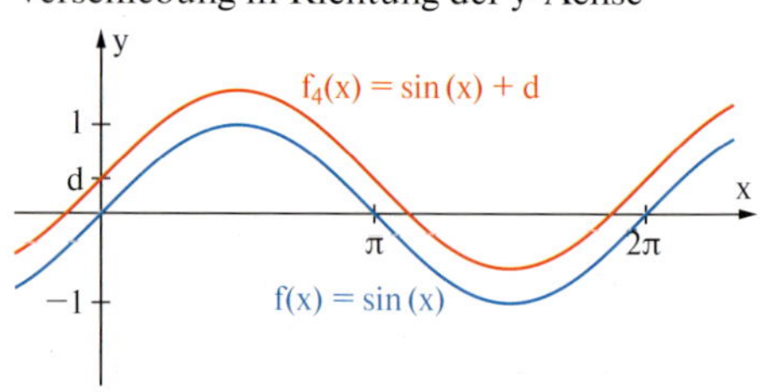

Winkel, Kongruenz

Winkelarten

spitzer Winkel	**rechter Winkel**	**stumpfer Winkel**	**gestreckter Winkel**	**überstumpfer Winkel**
$0° < \alpha < 90°$	$\alpha = 90°$	$90° < \alpha < 180°$	$\alpha = 180°$	$\alpha > 180°$

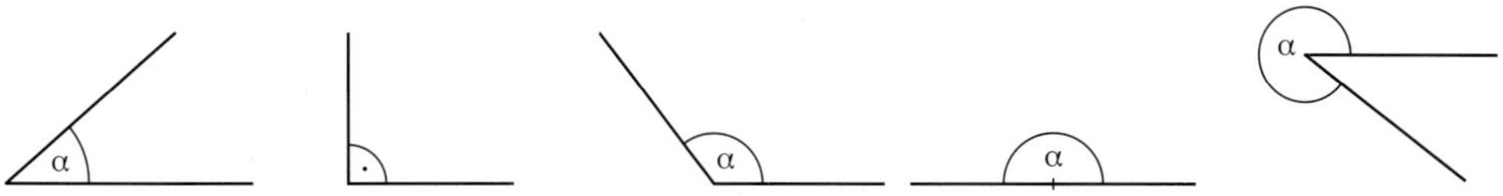

Winkel an geschnittenen Geraden

Nebenwinkel	**Scheitelwinkel**	**Stufenwinkel**	**Wechselwinkel**
$\alpha + \beta = 180°$	$\alpha = \beta$	$\alpha = \beta$ und $\gamma = \delta$	$\alpha = \beta$ und $\gamma = \delta$

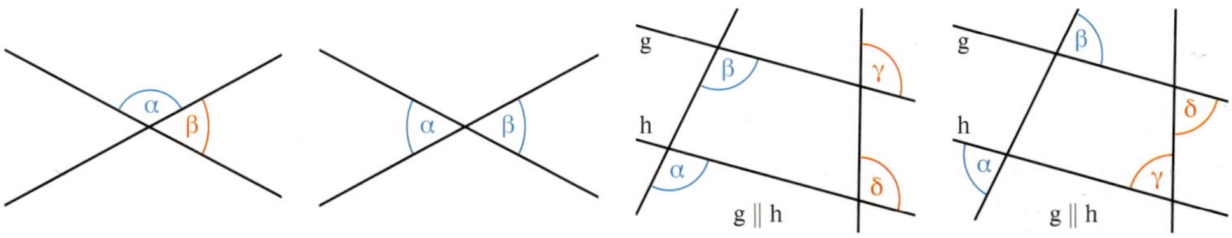

Winkelsumme

Dreieck
Die Winkelsumme beträgt 180°.

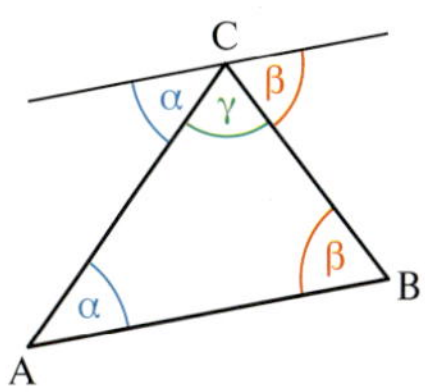

$\alpha + \beta + \gamma = 180°$

Viereck
Die Winkelsumme beträgt 360°.

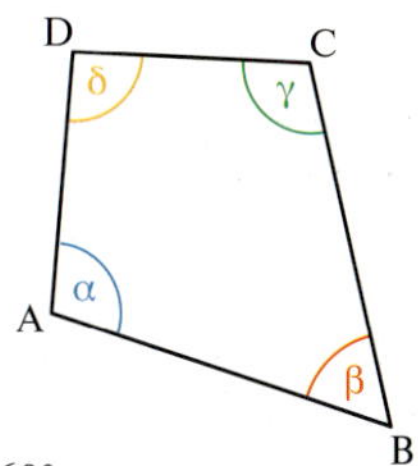

$\alpha + \beta + \gamma + \delta = 360°$

n-Eck
Die Winkelsumme beträgt $(n - 2) \cdot 180°$.

$n = 3, 4, 5, \ldots$

Kongruenz von Dreiecken

Zwei Dreiecke sind kongruent, wenn in ihnen folgende Stücke kongruent sind:

(1) eine Seite und die anliegenden Winkel (WSW) oder
(2) zwei Seiten und der eingeschlossene Winkel (SWS) oder
(3) die drei Seiten (SSS) oder
(4) zwei Seiten und der Gegenwinkel der größeren von beiden (SSW_g).

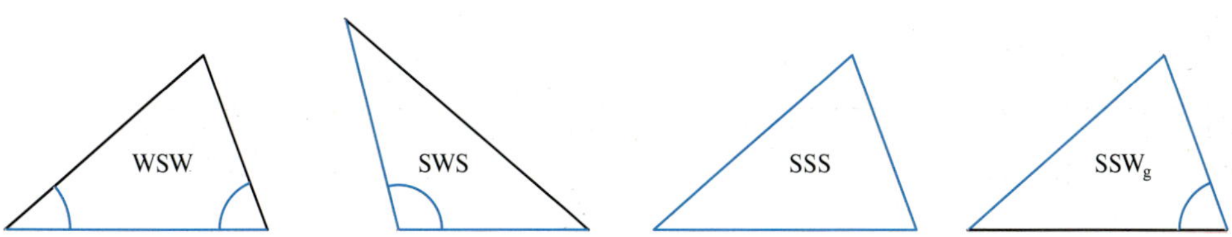

Kreis und Gerade

Kreis

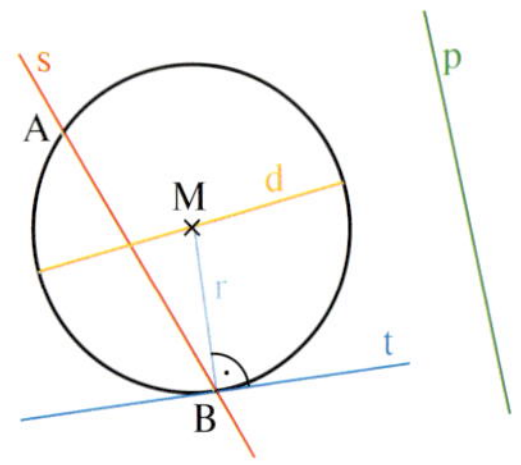

Passanten schneiden den Kreis nicht.
Sekanten schneiden den Kreis in zwei Punkten A, B. Die Strecke $\overline{AB}$ heißt *Sehne*.
Tangenten berühren den Kreis in einem Punkt B. Sie sind senkrecht zum Berührradius.

M: *Mittelpunkt*, r: *Radius*, d: *Durchmesser*

Mittelpunkts-, Umfangs- und Sehnentangentenwinkel

$\overline{AB}$: Sehne des Kreises k

α: Umfangswinkel über der Sehne $\overline{AB}$
β: Mittelpunktswinkel zur Sehne $\overline{AB}$
γ: Sehnentangentenwinkel zur Sehne $\overline{AB}$

Satz:
Alle Umfangswinkel α über einer Sehne $\overline{AB}$ sind gleich groß, und zwar genauso groß wie der zugehörige Sehnentangentenwinkel γ und halb so groß wie der Mittelpunktswinkel β zur Sehne $\overline{AB}$.

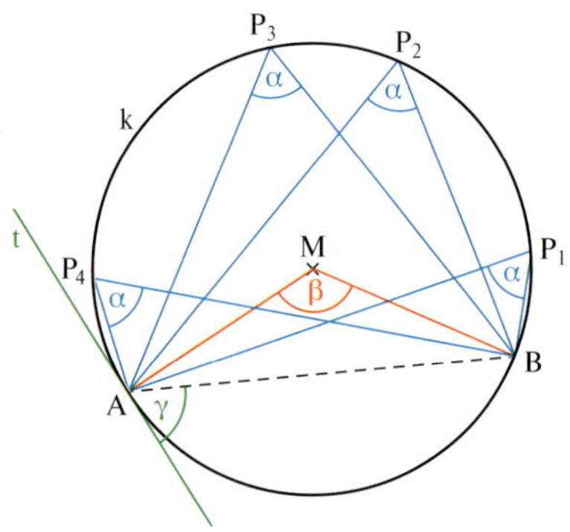

Satz des Thales

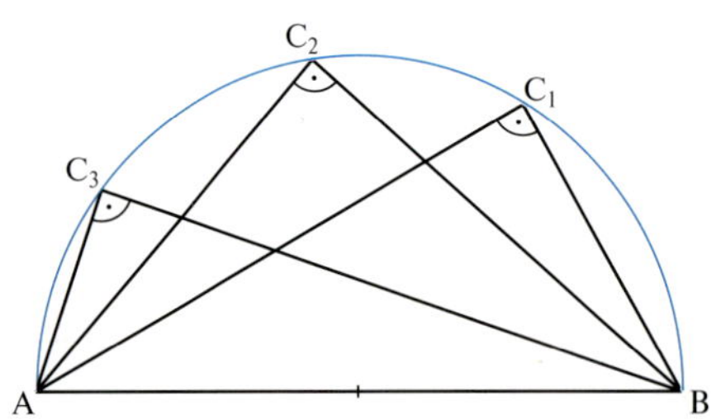

(1) Liegt C auf dem Halbkreis über der Strecke $\overline{AB}$, so ist ∢BCA ein rechter Winkel. (Satz des Thales)

(2) Hat das Dreieck ABC bei C einen rechten Winkel, so liegt C auf dem Halbkreis über $\overline{AB}$. (Umkehrung)

Konstruktion von Tangenten an einen Kreis

Gegeben ist ein Kreis k mit dem Mittelpunkt M und ein Punkt P außerhalb k, von dem aus die Tangenten an den Kreis konstruiert werden sollen.

1. Schritt: Thaleskreis über $\overline{PM}$

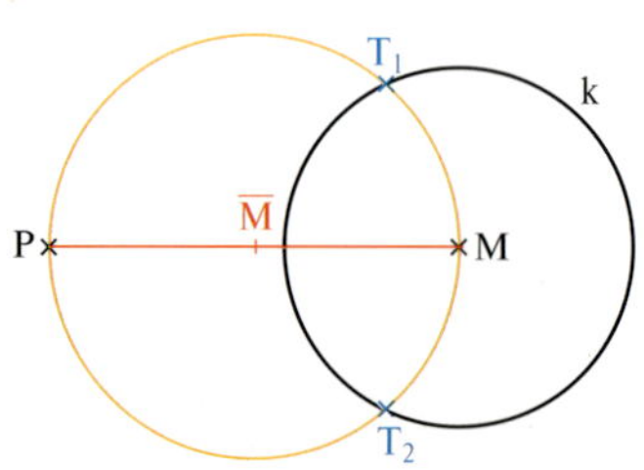

2. Schritt: Tangenten zeichnen

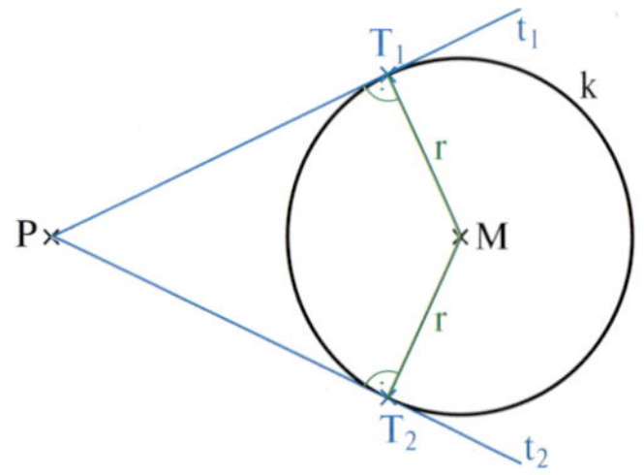

Höhen und Seitenhalbierende im Dreieck

Die *Höhen* eines Dreiecks schneiden sich in einem Punkt H.

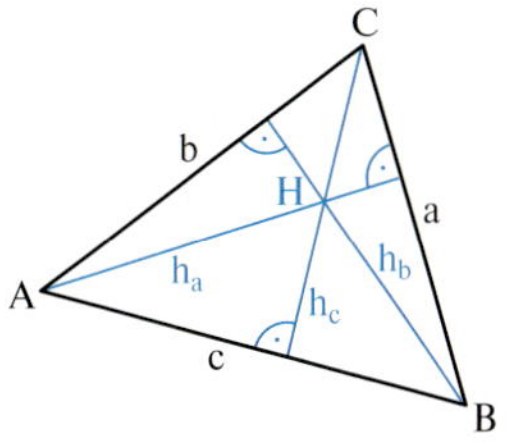

Die *Seitenhalbierenden* eines Dreiecks schneiden sich in einem Punkt S, dem *Schwerpunkt* des Dreiecks.

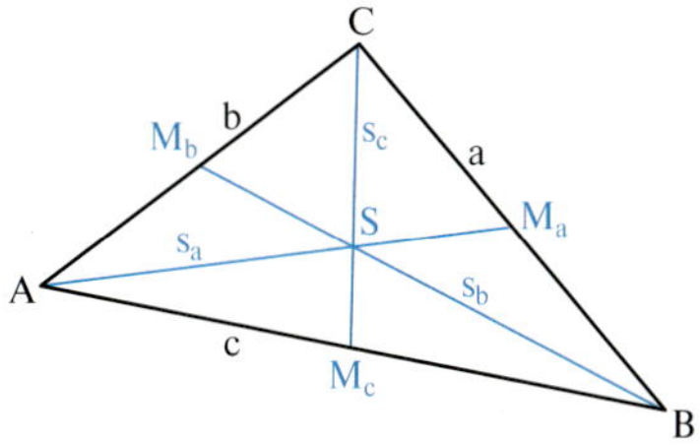

Mittelsenkrechte und Umkreis

Die *Mittelsenkrechten* eines Dreiecks schneiden sich in einem Punkt M, dem Mittelpunkt des *Umkreises*.
Bei spitzwinkligen Dreiecken liegt M innerhalb des Dreiecks, bei stumpfwinkligen Dreiecken außerhalb.

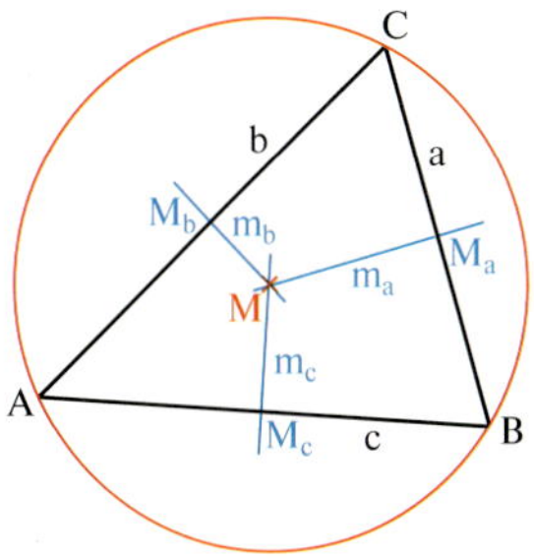

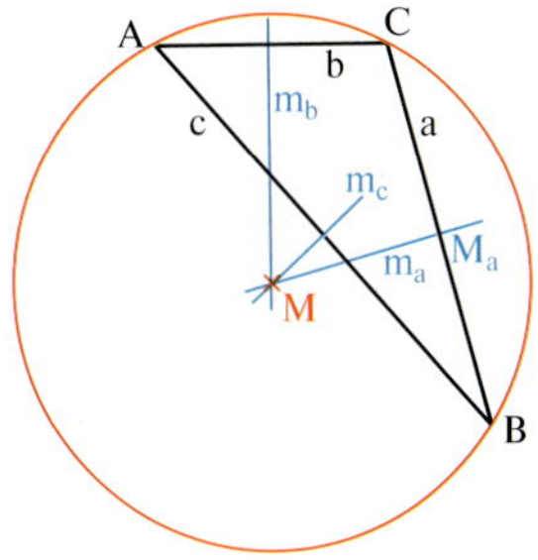

Winkelhalbierende und Inkreis

Die *Winkelhalbierenden* eines Dreiecks schneiden sich in einem Punkt W, dem Mittelpunkt des *Inkreises*.

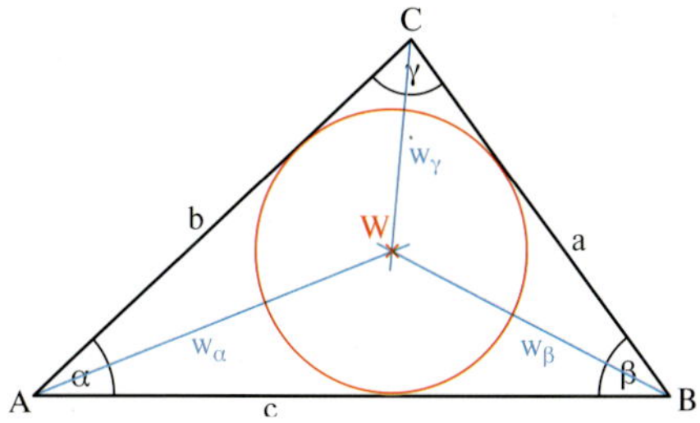

Sehnen- und Tangentenvierecke

Sehnenvierecke haben einen Umkreis.

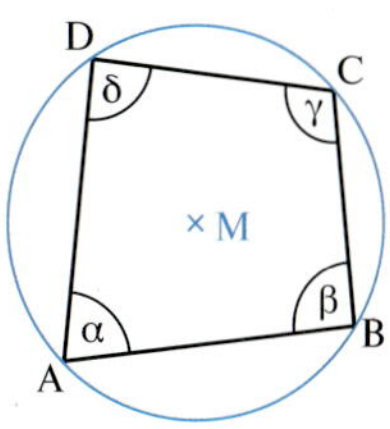

Die Summe der Gegenwinkel ist 180°.
$\alpha + \gamma = \beta + \delta = 180°$

Tangentenvierecke haben einen Inkreis.

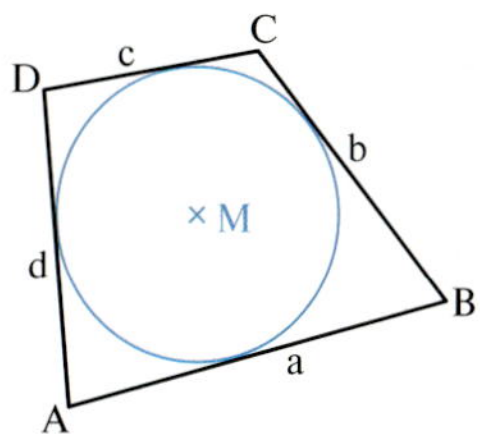

Die Summe der Gegenseiten ist gleich groß.
$a + c = b + d$

Kongruenzabbildungen und Symmetrien

Achsenspiegelung
Gegeben: Eine Gerade s (*Spiegelachse*). Für einen Punkt P und seinen Bildpunkt P′ gilt:
$P \notin s$: (1) $\overline{PP'} \perp s$
(2) $\overline{PP'}$ wird von s halbiert
$P \in s$: $P = P'$

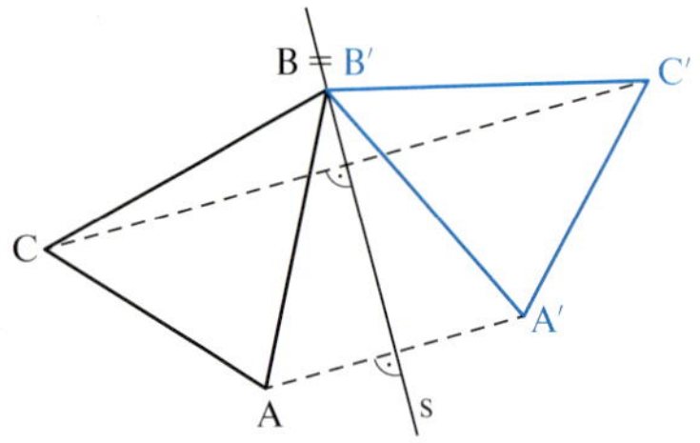

Achsensymmetrie
s heißt *Symmetrieachse* einer Figur, wenn die Figur bei Spiegelung an s auf sich selbst abgebildet wird.
Eine Figur mit mindestens einer Symmetrieachse heißt *achsensymmetrisch*.

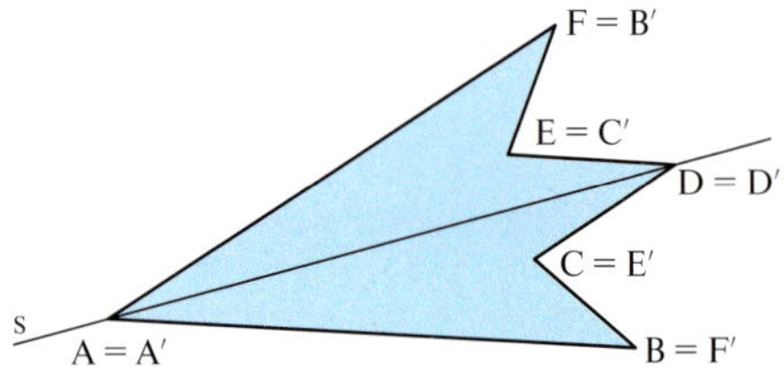

Punktspiegelung
Gegeben: Ein Punkt Z (*Zentrum*)
Für einen Punkt P und seinen Bildpunkt P′ gilt:
(1) Z liegt auf $\overline{PP'}$.
(2) $\overline{PP'}$ wird von Z halbiert.
Z ist Fixpunkt der Abbildung: Z = Z′.

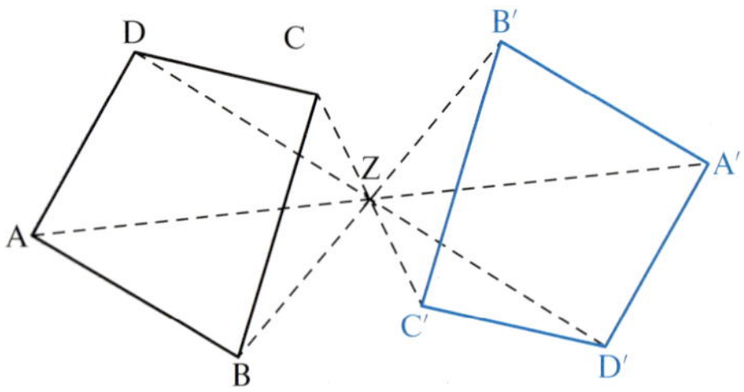

Punktsymmetrie
Z heißt *Symmetriezentrum* einer Figur, wenn die Figur bei Spiegelung an Z auf sich selbst abgebildet wird.
Eine Figur mit einem Symmetriezentrum heißt *punktsymmetrisch*.

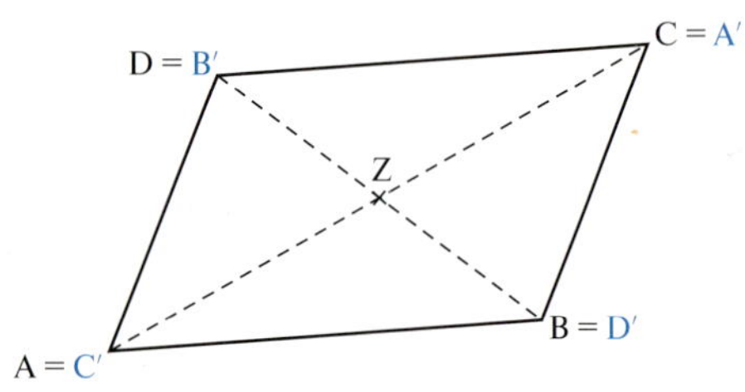

Drehung
Gegeben: Ein Punkt Z (*Drehzentrum*) und ein Winkel α (*Drehwinkel*).
Für einen Punkt P und seinen Bildpunkt P′ gilt:
(1) $\overline{ZP}$ und $\overline{ZP'}$ sind gleichlang.
(2) $\sphericalangle PZP' = \alpha$
Z ist Fixpunkt der Abbildung: Z = Z′.

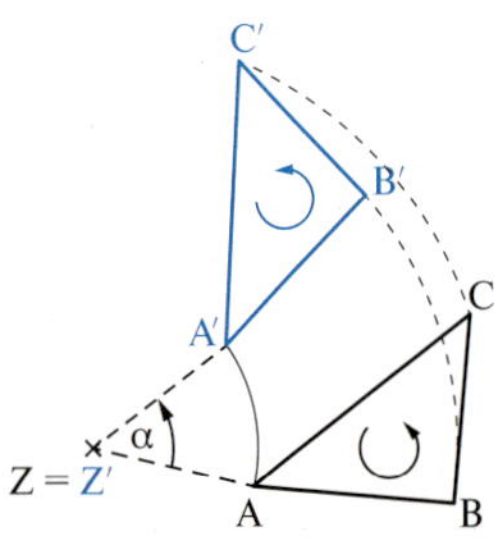

Verschiebung
Gegeben: Eine Richtung und eine Länge (ein Verschiebungsvektor $\vec{v}$)
Für einen Punkt P und seinen Bildpunkt P′ gilt:
$\overrightarrow{PP'} = \vec{v}$.

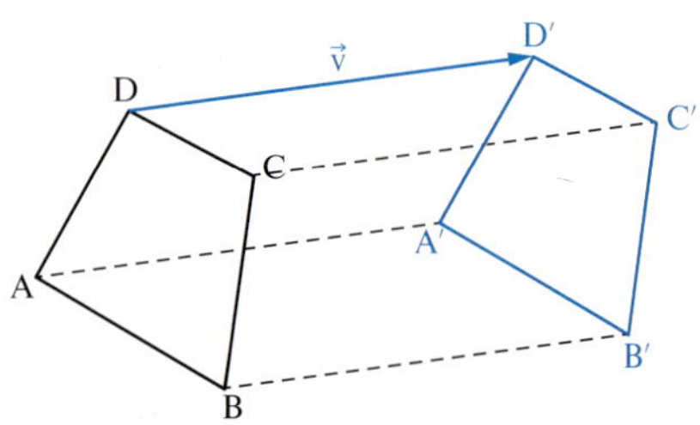

Ähnlichkeit

Ähnlichkeit von Dreiecken

Zwei Dreiecke heißen *ähnlich*, wenn sie in allen Winkeln übereinstimmen und die Verhältnisse einander entsprechender Seiten gleich sind.

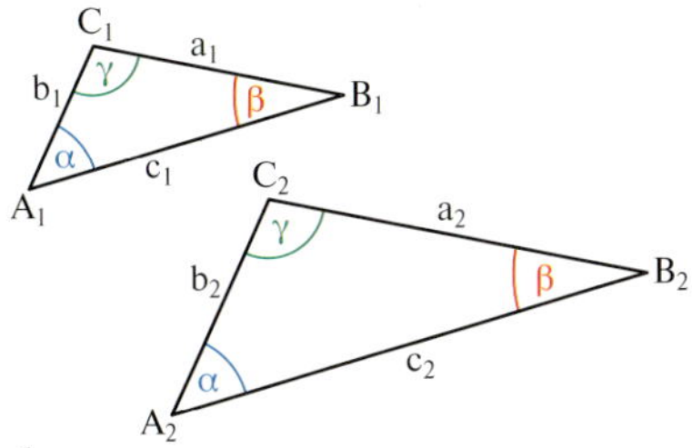

$\frac{a_1}{b_1} = \frac{a_2}{b_2}$ $\qquad$ $\frac{a_1}{a_2} = \frac{b_1}{b_2}$

$\frac{a_1}{c_1} = \frac{a_2}{c_2}$ $\qquad$ $\frac{a_1}{a_2} = \frac{c_1}{c_2}$

$\frac{b_1}{c_1} = \frac{b_2}{c_2}$ $\qquad$ $\frac{b_1}{b_2} = \frac{c_1}{c_2}$

Ähnlichkeitssätze:
Zwei Dreiecke sind ähnlich, wenn sie in folgenden Stücken übereinstimmen:

(1) in zwei entsprechenden Winkeln *oder*
(2) im Verhältnis zweier entsprechender Seiten und den eingeschlossenen Winkeln *oder*
(3) im Verhältnis aller entsprechender Seiten *oder*
(4) im Verhältnis zweier entsprechender Seiten und den Gegenwinkeln der längeren Seiten.

Strahlensätze

1. Strahlensatz:
Werden von einem Punkt ausgehende Strahlen von Parallelen geschnitten, so verhalten sich die Abschnitte des einen Strahls wie die entsprechenden Abschnitte des anderen Strahls.

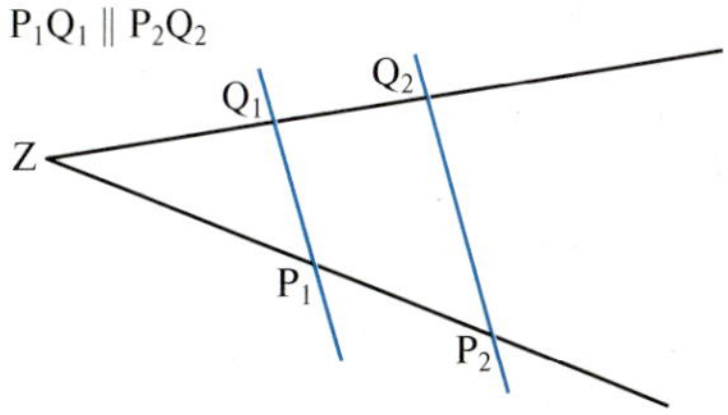

$\frac{\overline{ZQ_1}}{\overline{ZQ_2}} = \frac{\overline{ZP_1}}{\overline{ZP_2}}$ $\qquad$ $\frac{\overline{ZQ_1}}{\overline{Q_1Q_2}} = \frac{\overline{ZP_1}}{\overline{P_1P_2}}$

Umkehrung:
Werden von einem Punkt ausgehende Strahlen von Geraden so geschnitten, dass sich Abschnitte des einen Strahls so verhalten wie die entsprechenden Abschnitte des anderen Strahls, so sind die Geraden parallel.

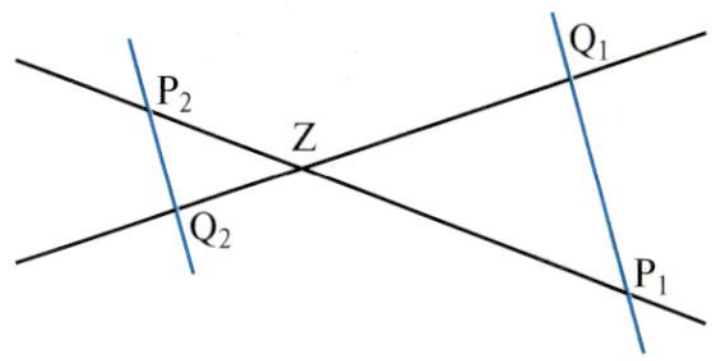

2. Strahlensatz:
Werden von einem Punkt ausgehende Strahlen von Parallelen geschnitten, so verhalten sich die Parallelenabschnitte wie die zugehörigen Scheitelstrecken.

$\frac{\overline{P_1Q_1}}{\overline{P_2Q_2}} = \frac{\overline{ZQ_1}}{\overline{ZQ_2}}$ $\qquad$ $\frac{\overline{P_1Q_1}}{\overline{P_2Q_2}} = \frac{\overline{ZP_1}}{\overline{ZP_2}}$

Die Umkehrung des 2. Strahlensatzes gilt nicht.

Zentrische Streckung

Gegeben: Ein Punkt Z (Streckzentrum) und eine Zahl $k \neq 0$ (Streckfaktor).
Für einen Punkt Q_1 und seinen Bildpunkt Q_2 gilt:

Falls $k > 0$:
(1) Q_2 liegt auf dem von Z ausgehenden Strahl durch Q_1.
(2) $|ZQ_2| = k \cdot |ZQ_1|$

Falls $k < 0$:
(1) Z liegt auf $\overline{Q_1Q_2}$.
(2) $|ZQ_2| = |k| \cdot |ZQ_1|$

Z ist Fixpunkt der Abbildung: $Z = Z'$
Hat eine Figur den Flächeninhalt A, so hat die Bildfigur den Flächeninhalt $k^2 \cdot A$.

Berechnungen, Bezeichnungen und Eigenschaften von Dreiecken

Satzgruppe an rechtwinkligen Dreiecken

Satz des Pythagoras:
Sind a und b die Katheten eines rechtwinkligen Dreiecks und c seine Hypotenuse, so gilt:
$a^2 + b^2 = c^2$.

Umkehrung:
Sind a, b und c Seiten eines Dreiecks und gilt $a^2 + b^2 = c^2$, so ist der Winkel zwischen a und b ein rechter.

Sind a, b und c Seiten eines Dreiecks und ist der Winkel zwischen a und b stumpf (spitz), so gilt $a^2 + b^2 < c^2$ ($a^2 + b^2 > c^2$) und umgekehrt.

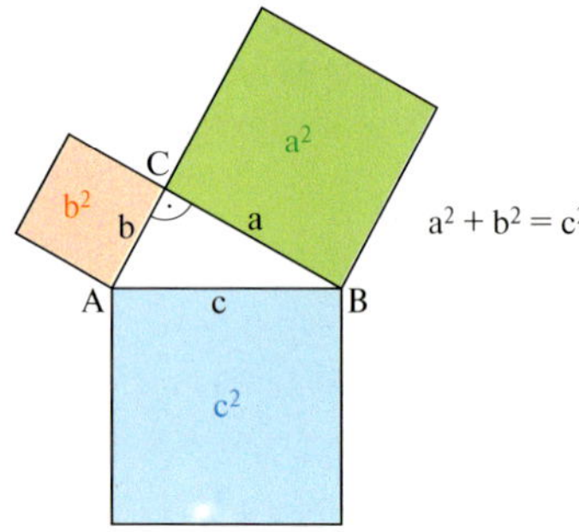

Kathetensatz:
$a^2 = c \cdot p$
$b^2 = c \cdot q$

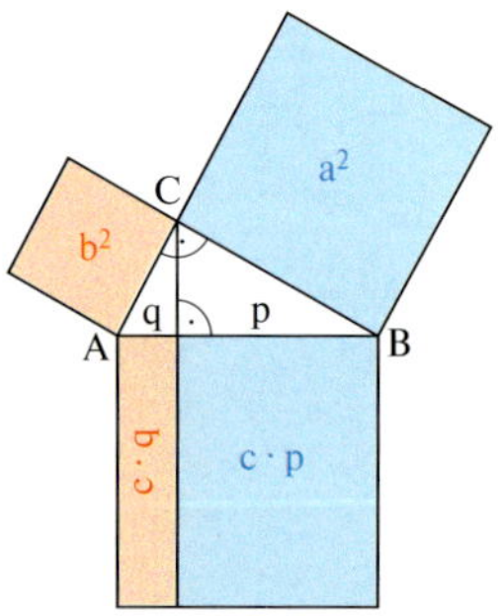

Höhensatz:
$h^2 = p \cdot q$

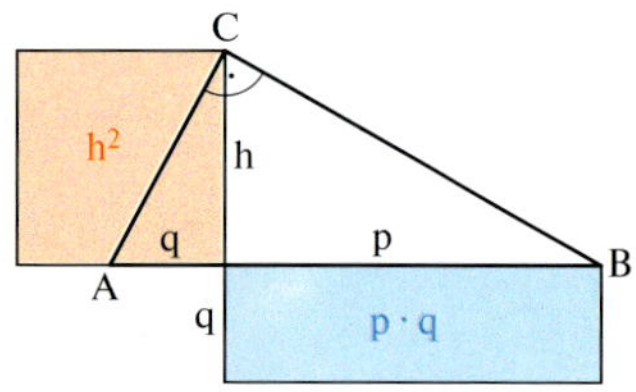

Allgemeine und spezielle Dreiecke

Allgemein

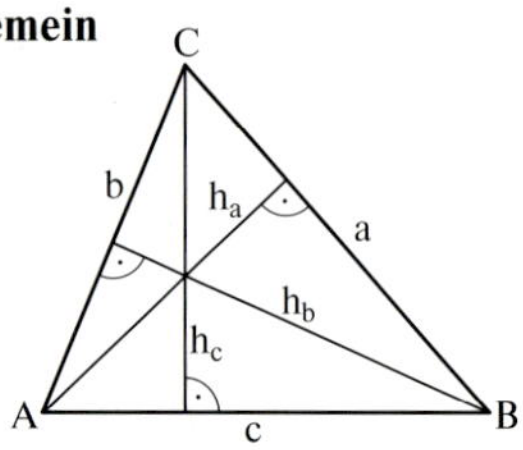

$A = \frac{c \cdot h_c}{2} = \frac{b \cdot h_b}{2} = \frac{a \cdot h_a}{2}$

$A = \frac{g \cdot h}{2}$ (allgemein)

$u = a + b + c$

Heron'sche Formel:

$A = \sqrt{s(s-a)(s-b)(s-c)}$ mit $s = \frac{1}{2}(a + b + c)$

gleichschenkliges Dreieck

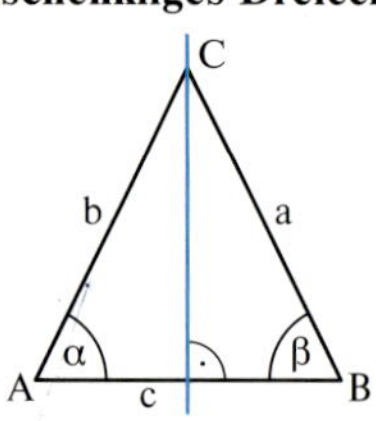

eine Symmetrieachse
$a = b$
$\alpha = \beta$ (Basiswinkel)
$h_c = \sqrt{a^2 - \left(\frac{c}{2}\right)^2}$ $A = \frac{c \cdot h_c}{2}$
$u = 2a + c$

gleichseitiges Dreieck

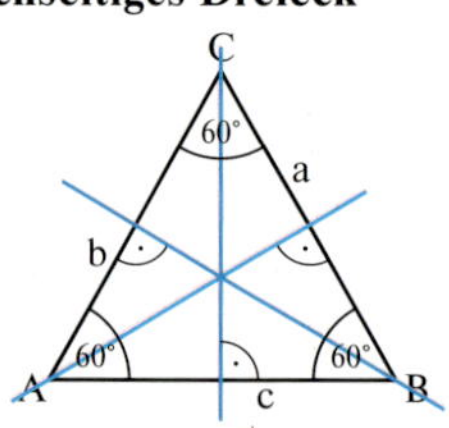

drei Symmetrieachsen
$a = b = c$
$\alpha = \beta = \gamma = 60°$
$h = \frac{a}{2}\sqrt{3}$ $A = \frac{a^2}{4}\sqrt{3}$
$u = 3a$

rechtwinkliges Dreieck

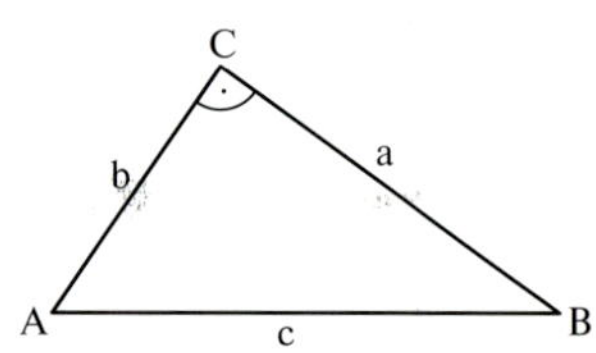

Ein Winkel ist 90°.
$A = \frac{a \cdot b}{2}$
$u = a + b + c$

Trigonometrische Berechnungen

Berechnungen am rechtwinkligen Dreieck

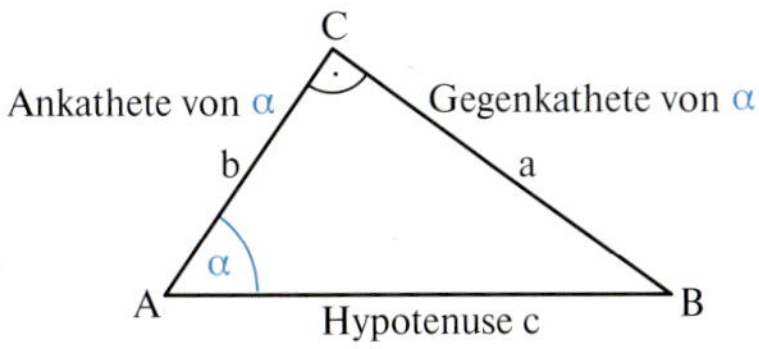

$$\sin\alpha = \frac{\text{Gegenkathete von }\alpha}{\text{Hypotenuse}} = \frac{a}{c}$$

$$\cos\alpha = \frac{\text{Ankathete von }\alpha}{\text{Hypotenuse}} = \frac{b}{c}$$

$$\tan\alpha = \frac{\text{Gegenkathete von }\alpha}{\text{Ankathete von }\alpha} = \frac{a}{b}$$

Für beliebige Dreiecke gilt:

Sinussatz

$$\frac{a}{\sin\alpha} = \frac{b}{\sin\beta} = \frac{c}{\sin\gamma} \; (= 2r)$$

r: Radius des Umkreises

Flächeninhalt eines Dreiecks:
Man halbiert das Produkt aus zwei Seitenlängen und dem Sinus des eingeschlossenen Winkels.

$$A = \tfrac{1}{2}ab \cdot \sin\gamma = \tfrac{1}{2}ac \cdot \sin\beta = \tfrac{1}{2}bc \cdot \sin\alpha$$

$$A = 2r^2 \cdot \sin\alpha \cdot \sin\beta \cdot \sin\gamma$$

$$A = \frac{abc}{4r}$$

Kosinussatz

$$a^2 = b^2 + c^2 - 2bc\cos\alpha \Leftrightarrow \cos\alpha = \frac{b^2 + c^2 - a^2}{2bc}$$

$$b^2 = a^2 + c^2 - 2ac\cos\beta$$

$$c^2 = a^2 + b^2 - 2ab\cos\gamma$$

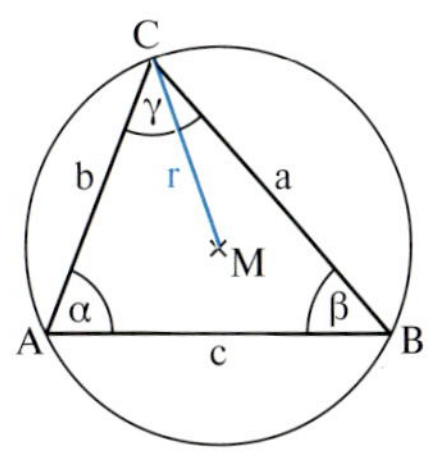

Umfang und Inhalt des regelmäßigen n-Ecks

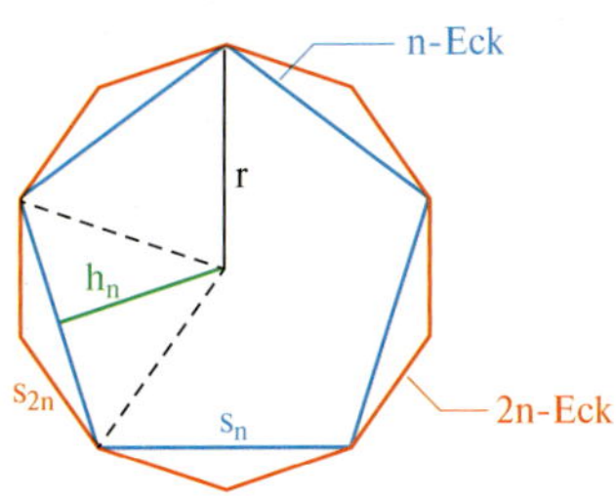

Sind r und s_n bekannt (siehe nebenstehende Tabelle), so berechnet sich s_{2n} nach folgender Formel:

$$s_{2n} = \sqrt{2r^2 - r\sqrt{4r^2 - s_n^2}}$$

n	Seitenlänge s_n
3	$r\sqrt{3}$
4	$r\sqrt{2}$
5	$\frac{r}{2}\sqrt{10 - 2\sqrt{5}}$
6	r

Der Flächeninhalt des n-Ecks ist die Summe der Inhalte von n kongruenten Dreiecken. Für diese Dreiecke gilt:

$$g_n = s_n;\; h_n = \sqrt{r^2 - \left(\frac{s_n}{2}\right)^2};\; A_n = n \cdot \frac{s_n \cdot \sqrt{r^2 - \left(\frac{s_n}{2}\right)^2}}{2}$$

Man kann Umfang und Inhalt des regelmäßigen n-Ecks auch trigonometrisch berechnen.

$$u = n \cdot 2r \cdot \sin\left(\frac{180^\circ}{n}\right) \qquad s_n = 2r \cdot \sin\left(\frac{180^\circ}{n}\right) \qquad \frac{\alpha}{2} = \frac{180^\circ}{n};\; \alpha = \frac{360^\circ}{n}$$

$$A = n \cdot r^2 \cdot \sin\left(\frac{180^\circ}{n}\right)\cos\left(\frac{180^\circ}{n}\right) \qquad h_n = r \cdot \cos\left(\frac{180^\circ}{n}\right)$$

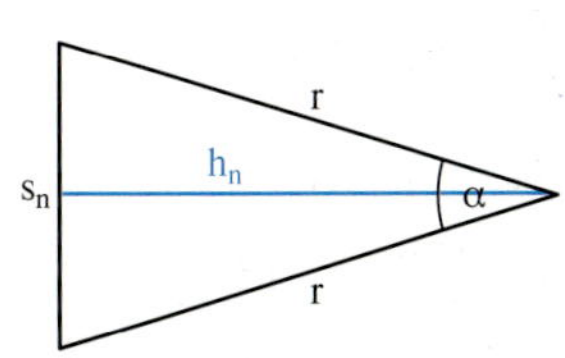

Eigenschaften von Vierecken

Haus der Vierecke

Das *Haus der Vierecke* ist so angeordnet, dass die Spezialisierung von „Stockwerk“ zu „Stockwerk“ nach unten fortschreitet. Speziellere Vierecke haben natürlich auch alle Eigenschaften der Vierecke, von denen sie Spezialformen sind.
Unter den Vierecken stehen jeweils nur die Eigenschaften, die zusätzlich gelten. Die Zahl am rechten Rand gibt an, wie viele voneinander unabhängige Stücke gegeben werden müssen, damit die Konstruktion eindeutig erfolgen kann.

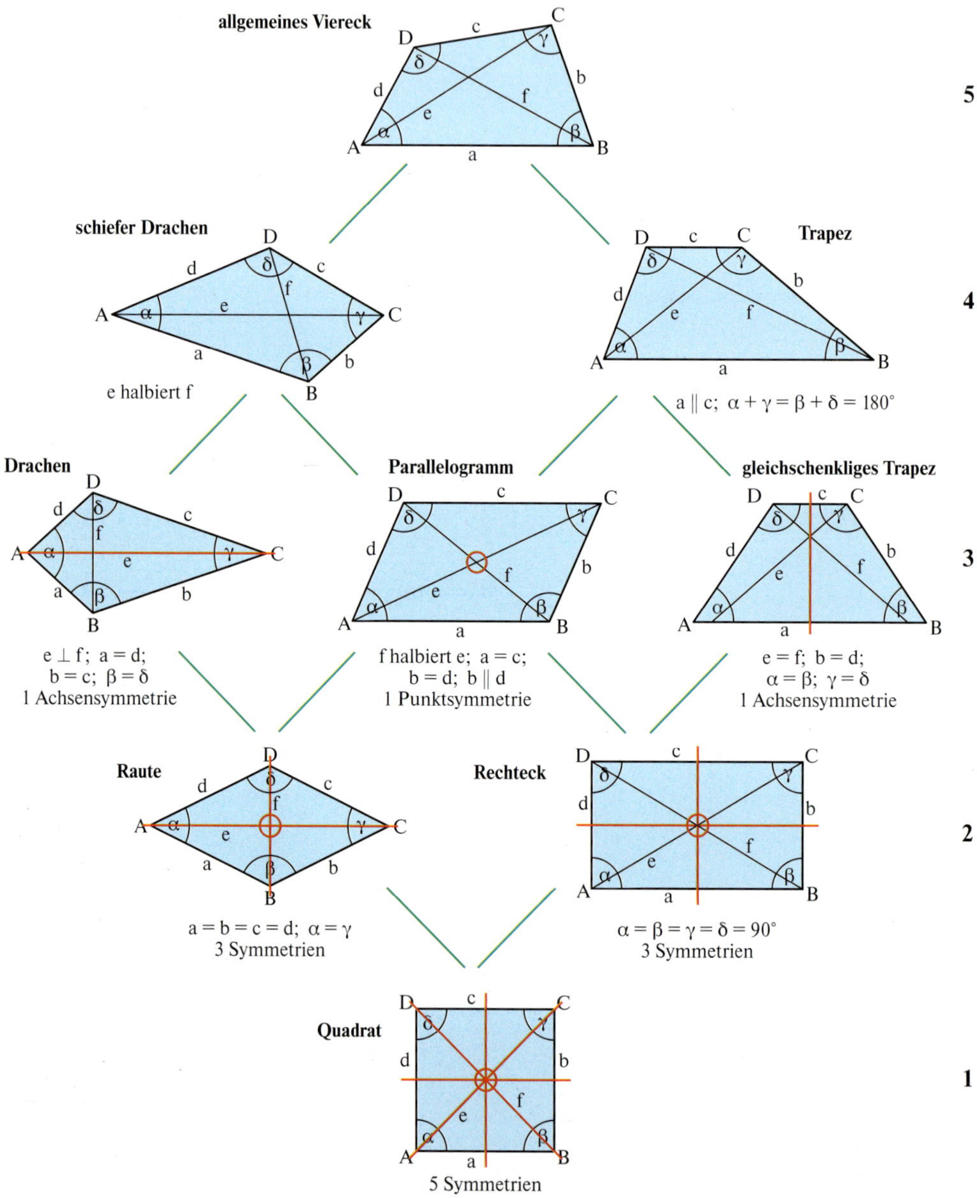

Flächen- und Körperberechnung

Dreieck und Viereck

Dreieck

$A = \frac{g \cdot h}{2}$

$u = a + b + c$

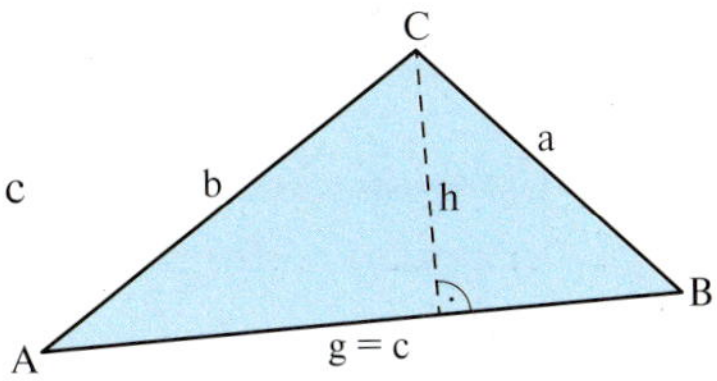

allgemeines Viereck

$A = A_1 + A_2$

$u = a + b + c + d$

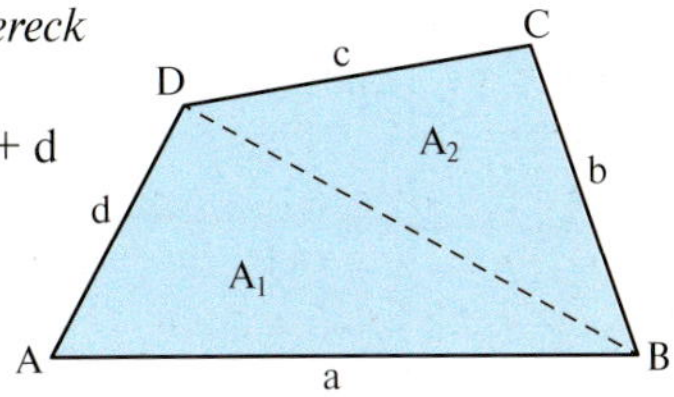

Rechteck und Quadrat

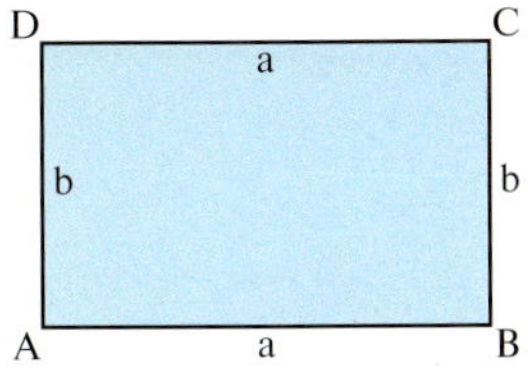

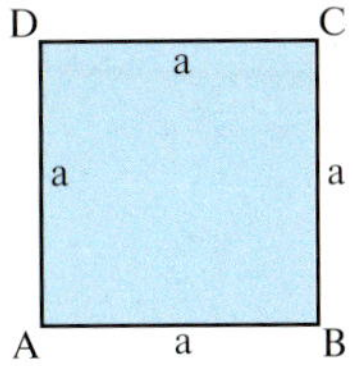

$A = a \cdot b \quad u = 2a + 2b$

$A = a^2 \quad u = 4a$

Raute

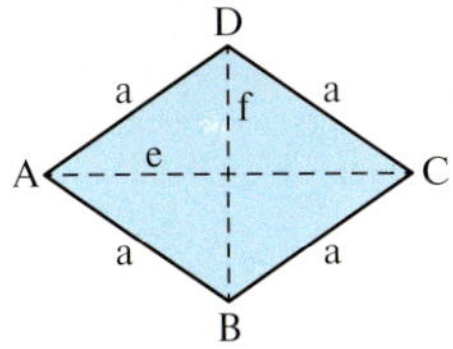

$A = \frac{e \cdot f}{2} \quad u = 4a$

Drachen

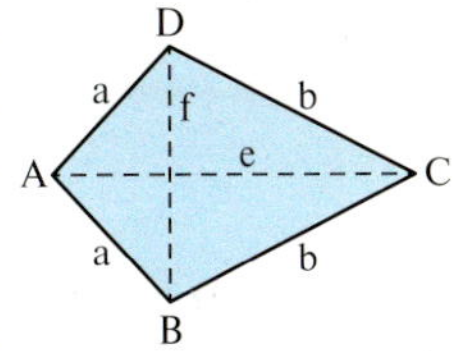

$A = \frac{e \cdot f}{2} \quad u = 2a + 2b$

Parallelogramm

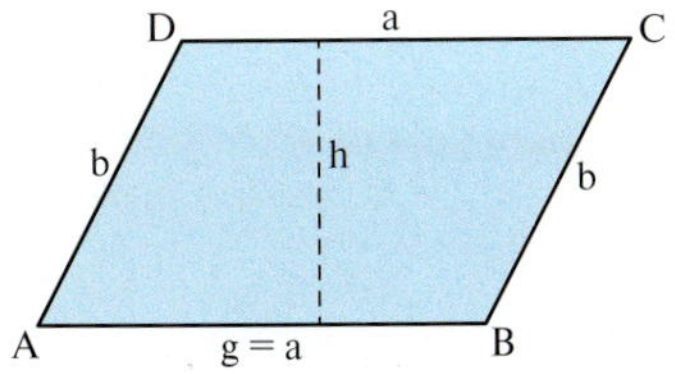

$A = g \cdot h \quad u = 2a + 2b$

Trapez

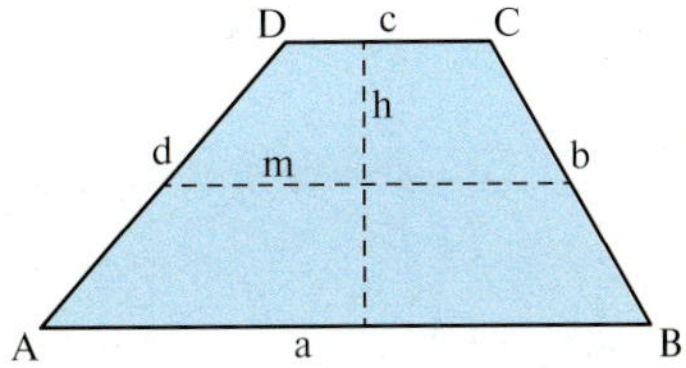

$m = \frac{a + c}{2}$

$A = \frac{a + c}{2} \cdot h = m \cdot h \quad u = a + b + c + d$

Kreis und Ellipse

Kreis

$d = 2r$

$A = \pi r^2 = \pi \cdot \frac{d^2}{4}$

$u = 2\pi r = \pi \cdot d$

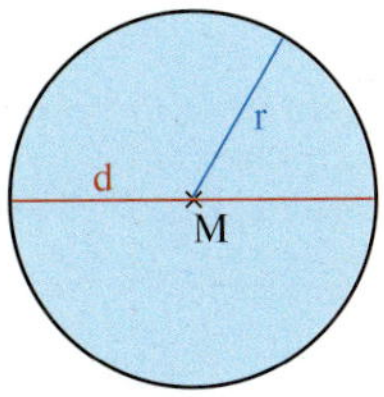

Ellipse

$A = \pi \cdot a \cdot b$

$u \approx \pi \cdot (a + b)$

$u \approx \pi \cdot \sqrt{2(a^2 + b^2)}$

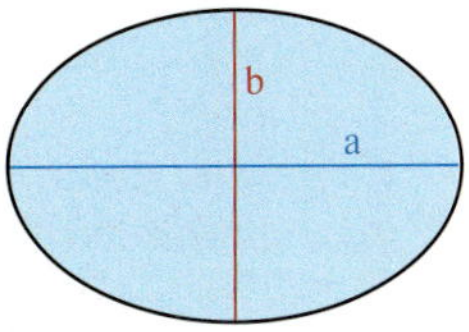

Kreisring

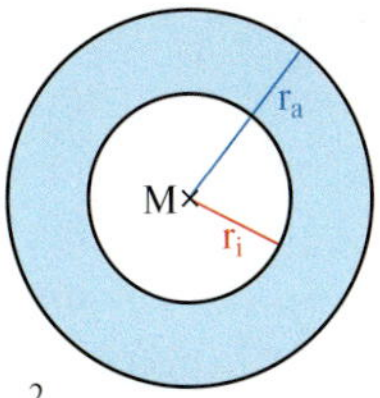

$A = \pi r_a^2 - \pi r_i^2$
$= \pi(r_a + r_i)(r_a - r_i)$

Kreissektor

$A_\alpha = \frac{\pi r^2 \alpha}{360°}$

$A_\alpha = b_\alpha \cdot \frac{r}{2}$

$b_\alpha = \frac{\pi r \alpha}{180°}$

$u = 2r + b_\alpha$

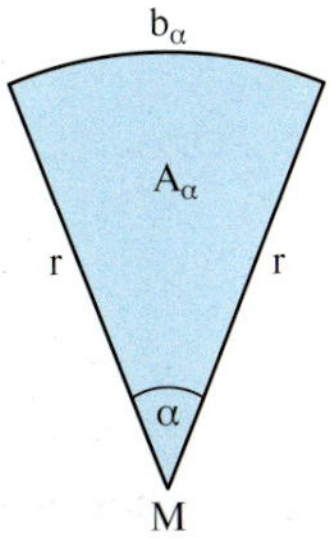

Kreisabschnitt

$A = \frac{b_\alpha \cdot r - s \cdot (r - h)}{2}$

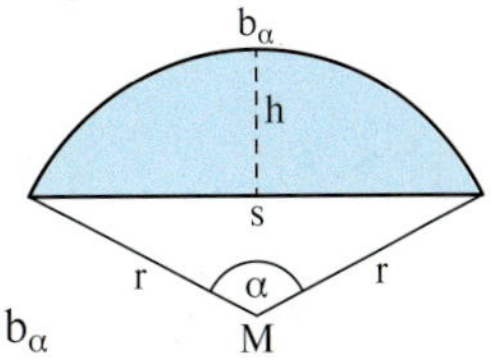

$u = s + b_\alpha$

Körper

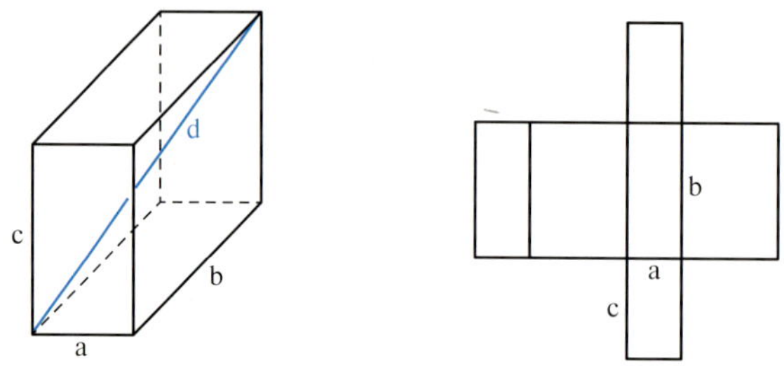

Quader

$V = a \cdot b \cdot c$

$O = 2ab + 2ac + 2bc$
$\quad = 2(ab + ac + bc)$

$d = \sqrt{a^2 + b^2 + c^2}$

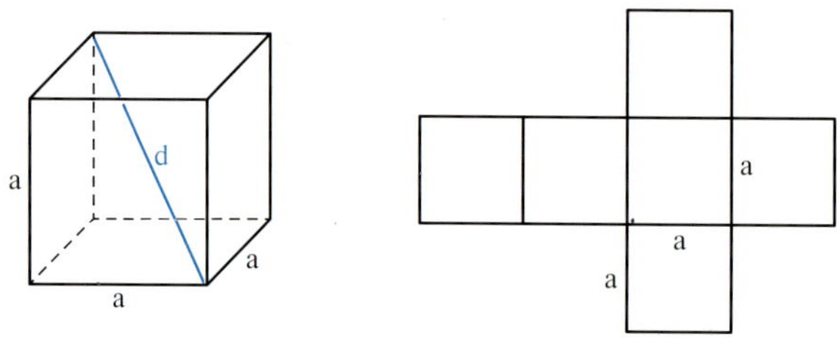

Würfel

$V = a^3$

$O = 6a^2$

$d = a\sqrt{3}$

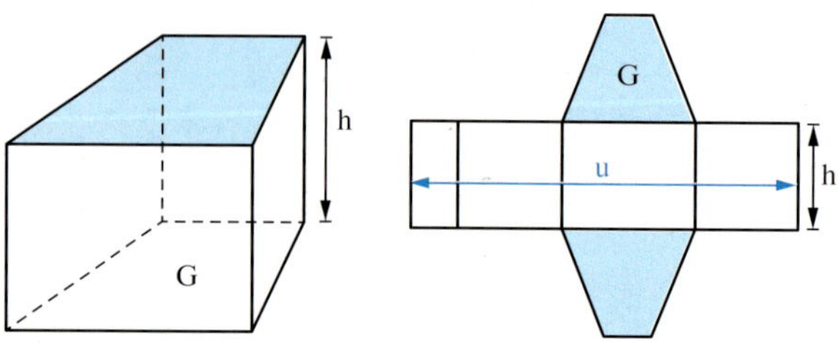

Prisma

$V = G \cdot h$

$M = u \cdot h$

$O = 2G + M$

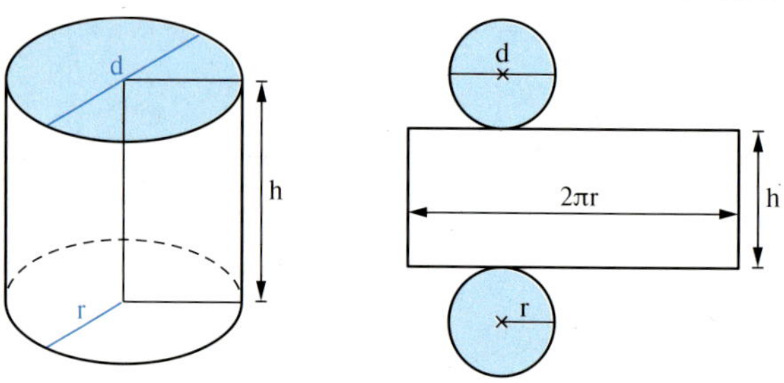

Zylinder

$V = \pi r^2 h$

$M = 2\pi rh$

$O = 2\pi r^2 + 2\pi rh$
$\quad = 2\pi r(r + h)$

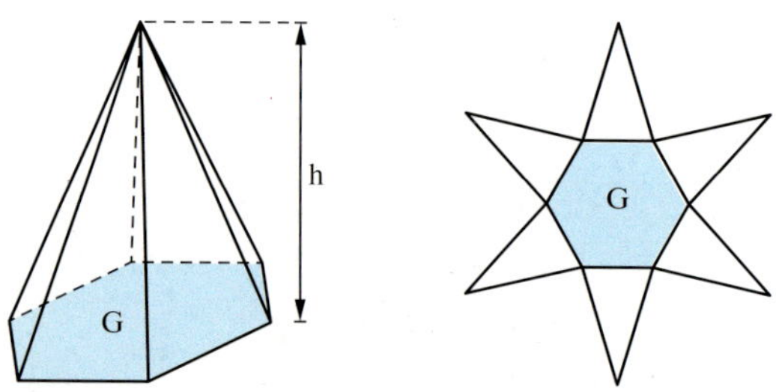

Pyramide

$V = \frac{1}{3} G \cdot h$

$O = G + M$

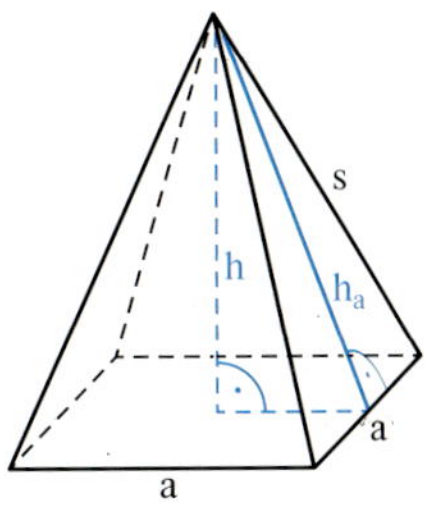

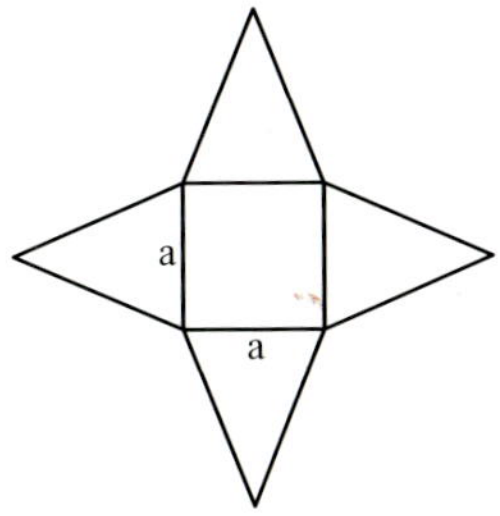

Quadratische, gerade Pyramide

$V = \frac{1}{3}a^2h$

$M = 2ah_a$

$O = a^2 + 2ah_a = a(a + 2h_a)$

$h_a = \sqrt{h^2 + \left(\frac{a}{2}\right)^2}$

$s = \sqrt{h^2 + \frac{a^2}{2}} = \sqrt{h_a^2 + \left(\frac{a}{2}\right)^2}$

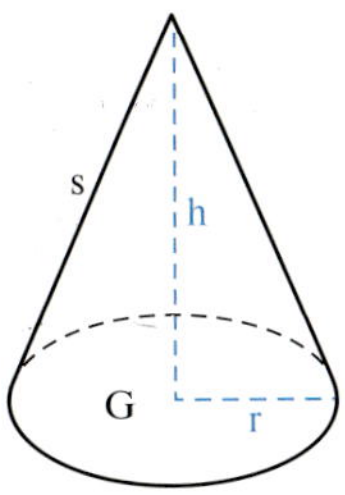

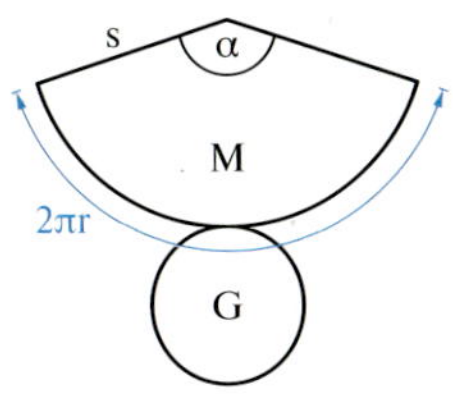

Gerader Kreiskegel

$V = \frac{1}{3}\pi r^2 h$

$M = \pi rs$

$O = \pi r^2 + \pi rs$

$= \pi r(r + s)$

$s = \sqrt{h^2 + r^2}$

Kugel

$V = \frac{4}{3}\pi r^3$

$O = 4\pi r^2$

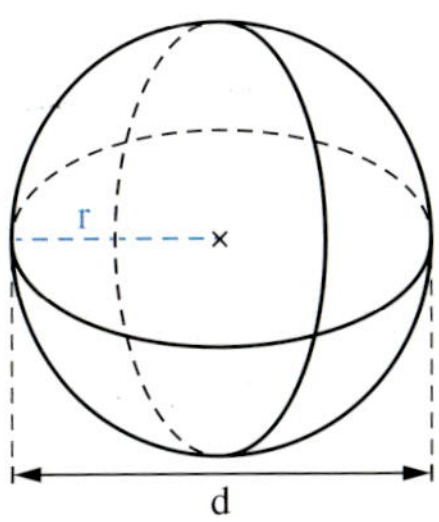

Kugelschicht

$V = \frac{\pi}{6}h(3r_1^2 + 3r_2^2 + h^2)$

$M = 2\pi rh$

(r: Kugelradius)

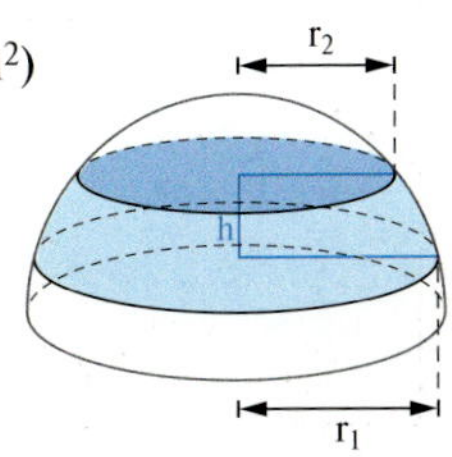

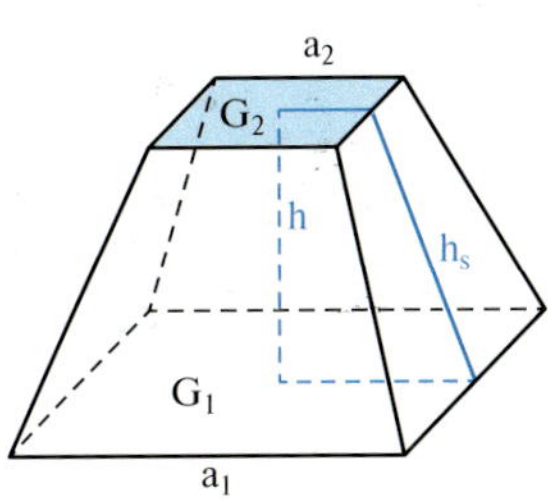

Pyramidenstumpf

$V = \frac{1}{3}h\left(G_1 + \sqrt{G_1 \cdot G_2} + G_2\right)$

Quadratischer Pyramidenstumpf:

$V = \frac{1}{3}h\,(a_1^2 + a_1 \cdot a_2 + a_2^2)$

$M = 4 \cdot \frac{a_1 + a_2}{2} \cdot h_s$ $\quad h_s = \sqrt{h^2 + \left(\frac{a_1 - a_2}{2}\right)^2}$

$O = a_1^2 + a_2^2 + 4 \cdot \frac{a_1 + a_2}{2} \cdot h_s$

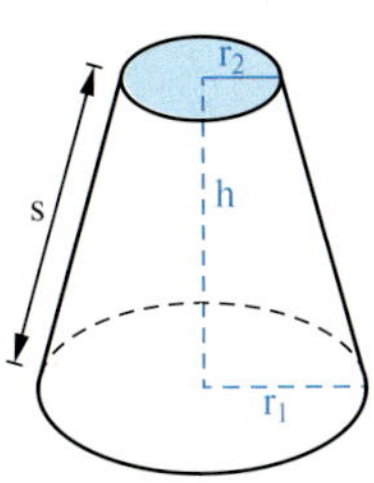

Kegelstumpf

$V = \frac{1}{3}\pi h\,(r_1^2 + r_1 \cdot r_2 + r_2^2)$

$M = \pi s(r_1 + r_2)$

$O = \pi\,(r_1^2 + r_2^2 + s(r_1 + r_2))$

$s = \sqrt{h^2 + (r_1 - r_2)^2}$

(s: Länge einer Mantellinie)

Auswerten von Daten

Grundbegriffe

Stichprobe: Teil einer Grundgesamtheit, die auf ein bestimmtes **Merkmal** untersucht wird. Die verschiedenen **Ausprägungen** des Merkmals können quantitativ (Werte) oder qualitativ (Eigenschaften) sein.

Urliste: Ungeordnete Auflistung der erfassten Ausprägungen.

Klasseneinteilung: Bei geordneten Stichproben mit einer großen Zahl von Merkmalsausprägungen ist es oft sinnvoll, mehrere benachbarte Merkmalsausprägungen zu Klassen zusammenzufassen.
Bei der Darstellung von klassierten Daten als Säulendiagramme (siehe S. 29) ist zu beachten, dass sich die Säulenbreite aus der Klassenbreite ergibt, die Säulen also nicht gleich breit sind, die Höhe der Säule jedoch nicht proportional zur angegebenen Häufigkeit ist. Der Flächeninhalt der einzelnen Rechtecke muss proportional zur angegebenen Häufigkeit der Klasse sein.

Häufigkeiten

absolute Häufigkeit $H(x_i)$: Anzahl, mit der eine Merkmalsausprägung x_i in der Urliste vom Umfang n auftritt.

relative Häufigkeit $h(x_i)$: $h(x_i) = \frac{H(x_i)}{n}$, wobei $H(x_1) + H(x_2) + \ldots + H(x_k) = n$
(k = Anzahl der verschiedenen Werte in der Urliste)

Statistische Kennwerte bei quantitativen Merkmalen

Maximum x_{max}: größter Wert

Minimum x_{min}: kleinster Wert

Spannweite s: Differenz zwischen größtem und kleinstem Wert
$s = x_{max} - x_{min}$

Modalwert m: Die am häufigsten auftretende Merkmalsausprägung. Eine Stichprobe kann mehrere Modalwerte haben.

Arithmetisches Mittel $\bar{x}$: (Mittelwert, Durchschnitt) Treten in einer Stichprobe vom Umfang n die Ausprägungen $x_1, \ldots, x_k$ mit den Häufigkeiten $H(x_1), \ldots, H(x_k)$ auf mit $n = H(x_1) + \ldots + H(x_k)$, so berechnet sich das arithmetische Mittel (auch Mittelwert oder Durchschnitt genannt) $\bar{x}$ der Stichprobe mit der Formel

$$\bar{x} = \frac{H(x_1) \cdot x_1 + H(x_2) \cdot x_2 + \ldots H(x_k) \cdot x_k}{n}$$
$$= h(x_1) \cdot x_1 + h(x_2) \cdot x_2 + \ldots + h(x_k) \cdot x_k$$

Median (Zentralwert) $\tilde{x}$: Die n Werte der Urliste werden geordnet. Für ungerade n ist der Median der in der Mitte stehende Wert. Für gerade n ist der Median das arithmetische Mittel der beiden mittleren Werte.

Oberes (unteres) Quartil: Median der oberen (unteren) Hälfte der geordneten Urliste. Es ist dabei festgelegt, dass der Median weder zur oberen noch zur unteren Datenhälfte gehört.

Diagramme

Säulendiagramm (Stabdiagramm)

Höhenproportionales Diagramm, bei dem Häufigkeiten durch senkrecht stehende Rechtecke veranschaulicht werden.

x-Achse: Merkmalsausprägungen
y-Achse: absolute Häufigkeiten oder relative Häufigkeiten

Statt Säulendiagrammen findet man häufig auch **Balken-diagamme**, welche um 90° gedrehte Säulendiagramme sind.

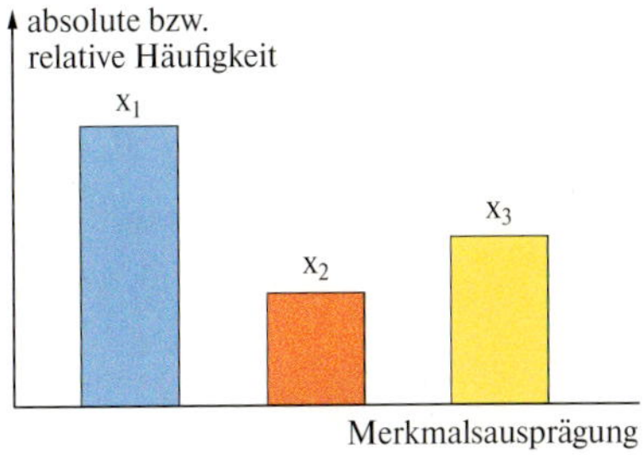

Streifendiagramm (Blockdiagramm)

Flächenproportionales Diagramm, bei dem die relativen Häufigkeiten als Flächenanteile eines Streifens veranschaulicht werden.

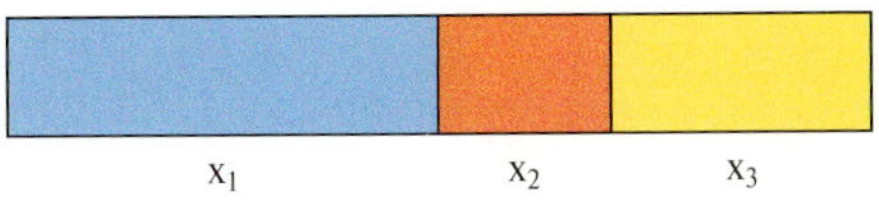

Breite der einzelnen Rechtecke:
$b_i = h(x_i) \cdot b$
(b: Gesamtbreite des Streifens)

Kreisdiagramm

Flächenproportionales Diagramm, bei dem die relativen Häufigkeiten der Merkmalsausprägungen durch Kreissektoren veranschaulicht werden.

Winkel des Kreissektors: $\alpha_i = h(x_i) \cdot 360°$

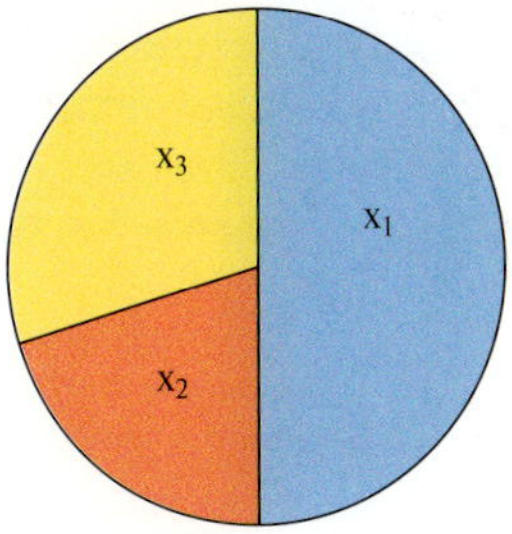

Boxplot

Diagramm zur Veranschaulichung von Spannweite und Verteilung von Daten.

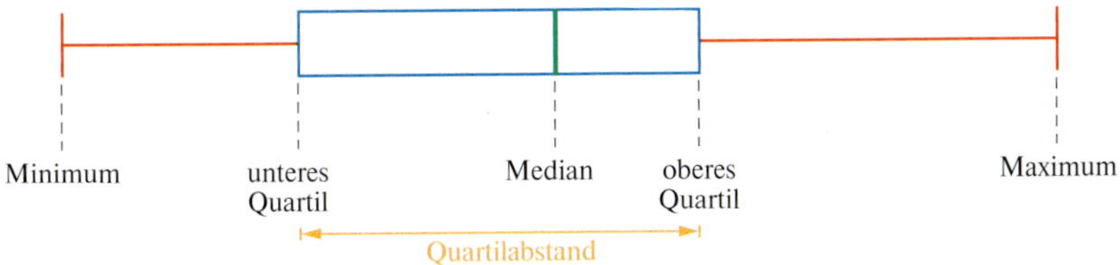

Die Länge des Whiskers (rot) wird üblicherweise auf das 1,5-fache des Quartilabstandes beschränkt. Treten bei einer Stichprobe Werte auf, die unterhalb oder oberhalb der Whiskers liegen, dann werden diese als Ausreißer bezeichnet und gesondert markiert.

Wahrscheinlichkeitsrechnung

Grundbegriffe

Zufallsexperiment: (Zufallsversuch)	Vorgang, bei dem nicht vorhergesagt werden kann, welches Ergebnis eintritt.
Ergebnismenge S:	Menge aller möglichen Ergebnisse. $S = \{s_1, s_2, \ldots, s_n\}$
Ereignis E:	Eine Teilmenge E des Ergebnisraums S. $E \subseteq S$
Elementarereignis:	Ein Ereignis E, das nur das Ergebnis s_i enthält. $E = \{s_i\}$
Sicheres Ereignis:	Ein Ereignis E, das alle Ergebnisse der Ergebnismenge S enthält. $E = S$
Unmögliches Ereignis:	Ein Ereignis E, das keines der Ergebnisse der Ergebnismenge S enthält. $E = \{\}$
Gegenereignis $\overline{E}$:	Das Gegenereignis $\overline{E}$ vom Ereignis E enthält alle Ergebnisse, die nicht zum Ereignis E gehören. $\overline{E} = S \setminus E$

Und-Ereignis $E_1 \cap E_2$, Oder-Ereignis $E_1 \cup E_2$

$E_1 \cap E_2$:	Das Ereignis „E_1 und E_2“ enthält nur solche Ergebnisse, die sowohl in E_1 als auch in E_2 enthalten sind.
$E_1 \cup E_2$:	Das Ereignis „E_1 oder E_2“ enthält nur solche Ergebnisse, die in E_1 oder in E_2 oder in beiden Ereignissen enthalten sind.

Wahrscheinlichkeit und relative Häufigkeit

Wird ein Zufallsexperiment sehr oft durchgeführt, so stabilisieren sich die dabei ermittelten relativen Häufigkeiten eines Ergebnisses mit zunehmender Versuchsanzahl bei einem festen Wert, der Wahrscheinlichkeit des Ergebnisses **(empirisches Gesetz der großen Zahlen)**.

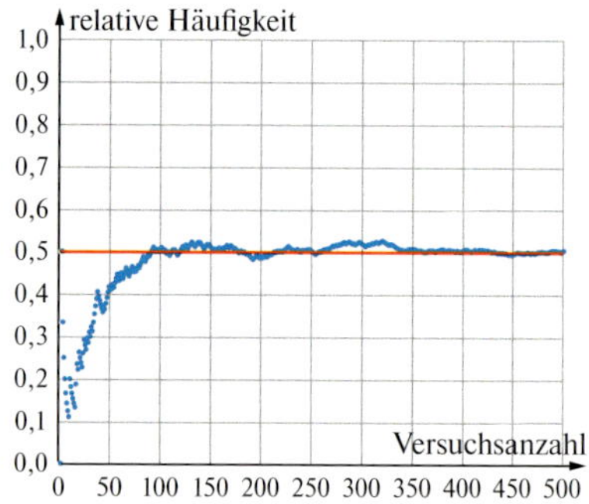

Die **Wahrscheinlichkeit** eines Ergebnisses gibt an, welche relative Häufigkeit man bei häufiger Versuchsdurchführung für dieses Ergebnis erwarten kann. Sie ist der Wert, bei dem sich die relativen Häufigkeiten stabilisieren.
Die Wahrscheinlichkeit eines Ereignisses E notiert man als P(E), die eines Ergebnisses e als P({e}) oder kurz als P(e).

Wahrscheinlichkeiten dienen der Prognose; sie geben Auskunft über die Chancen in bevorstehenden Zufallsversuchen. Relative Häufigkeiten machen Aussagen über bereits durchgeführte Zufallsversuche.

Wahrscheinlichkeiten sind Zahlen aus dem Intervall [0; 1], wobei gilt: $P(\{\}) = 0$ und $P(S) = 1$.
Außerdem gelten die Rechenregeln:

Summenregel: $P(E_1 \cup E_2) = P(E_1) + P(E_2) - P(E_1 \cap E_2)$

Komplementärregel: $P(E) + P(\overline{E}) = 1$, also $P(\overline{E}) = 1 - P(E)$

Laplace-Experimente

Laplace-Experimente sind Zufallsexperimente, bei denen allen möglichen Ergebnissen die gleiche Wahrscheinlichkeit zugeordnet wird. Bei einem Laplace-Experiment mit n möglichen Ergebnissen beträgt die Wahrscheinlichkeit eines jeden Ergebnisses $\frac{1}{n}$.

Regel von Laplace: Für die Wahrscheinlichkeit eines Ereignisses E eines Laplace-Experiments gilt:

$$P(E) = \frac{\text{Anzahl der zu E gehörenden Ergebnisse}}{\text{Anzahl aller möglichen Ergebnisse}}$$

Urnenmodelle

Ein **Urnenmodell** beschreibt ein Zufallsexperiment, bei dem ein fiktives Gefäß mit n gleichartigen Kugeln gefüllt wird, von denen nacheinander k Kugeln gezogen werden. Durch Urnenmodelle lassen sich viele verschiedene Zufallsexperimente modellieren.

Beim **Ziehen mit Zurücklegen** bleiben die Wahrscheinlichkeiten der möglichen Ergebnisse bei jedem Ziehvorgang gleich, beim **Ziehen ohne Zurücklegen** verändert sich die Wahrscheinlichkeit bei jedem Ziehvorgang, da sich durch eine Ziehung die Zusammensetzung der Urne verändert.

Mehrstufige Zufallsexperimente

Mehrstufige Zufallsexperimente sind Zufallsexperimente, die aus mehreren Stufen bestehen, wobei jede Stufe für sich genommen selbst wieder ein Zufallsexperiment ist. Besteht solch ein Zufallsexperiment aus k Stufen, so nennt man dieses ein *k-stufiges Zufallsexperiment*. Die Ergebnisse eines k-stufigen Zufallsexperiments notiert man als *k-Tupel*.

Die Ergebnisse eines 2-stufigen Zufallsexperiments kann man als **Paar** notieren.

Baumdiagramme:
Baumdiagramme dienen der grafischen Beschreibung von mehrstufigen Zufallsexperimenten. Jeder **Pfad** im Baumdiagramm entspricht dabei einem Ergebnis.

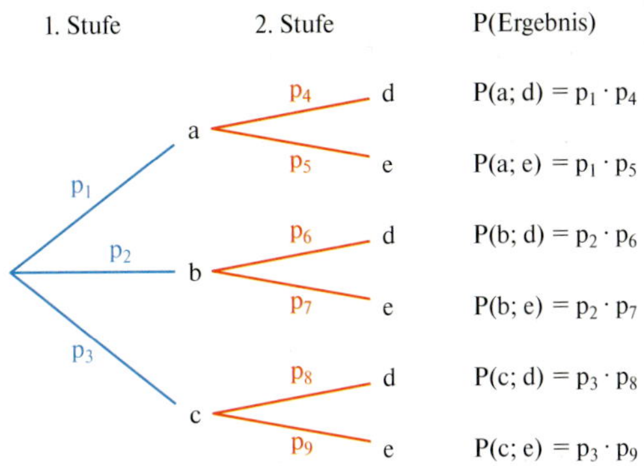

P(Ereignis): P(„d" auf der 2. Stufe) = P(a; d) + P(b; d) + P(c; d)
P(„e" auf der 2. Stufe) = P(a; e) + P(b; e) + P(c; e)

Pfadregeln für Baumdiagramme:

Pfadmultiplikationsregel:
Wahrscheinlichkeit eines Ergebnisses = Produkt der Wahrscheinlichkeiten längs des zugehörigen Pfades im Baumdiagramm

Pfadadditionsregel:
Wahrscheinlichkeit eines Ereignisses = Summe der Wahrscheinlichkeiten der zum Ereignis gehörenden Pfade

Folgen, Reihen, Grenzwerte

Folgen

Eine Funktion mit Definitionsmenge $D = \mathbb{N}$ wird als **Folge** bezeichnet. Addiert man die Glieder $a_1, a_2, \ldots, a_n$ einer Folge $(a_n)_{n \in \mathbb{N}}$, so ergibt sich die zu $(a_n)_{n \in \mathbb{N}}$ gehörende **Reihe** $(s_n)_{n \in \mathbb{N}}$.

Arithmetische und geometrische Folgen

Bei **arithmetischen Folgen** ist die Differenz zweier benachbarter Glieder konstant:
$a_{n+1} - a_n = d$

Berechnungsvorschrift: $a_n = a_1 + (n-1) \cdot d$

Zugehörige **arithmetische Reihe:**

$$s_n = a_1 + a_2 + \ldots + a_n = \frac{n}{2}(a_1 + a_n) = \frac{n}{2}(2a_1 + (n-1) \cdot d)$$

Bei **geometrischen Folgen** ist der Quotient zweier benachbarter Glieder konstant:

$$\frac{a_{n+1}}{a_n} = q$$

Berechnungsvorschrift: $a_n = a_1 \cdot q^{n-1}$

Zugehörige **geometrische Reihe:**

$$s_n = a_1 + a_2 + \ldots + a_n = a_1 \cdot \frac{1-q^n}{1-q} = a_1 \cdot \frac{q^n - 1}{q-1}$$

Unendliche geometrische Reihe:

$$s = \lim_{n \to \infty} s_n = \frac{a_1}{1-q}, \text{ falls } |q| < 1$$

Summenformeln (Potenzsummen)

$$1 + 2 + 3 + \ldots + n = \sum_{k=1}^{n} k = \frac{1}{2}n(n+1)$$

$$1^2 + 2^2 + 3^2 + \ldots + n^2 = \sum_{k=1}^{n} k^2 = \frac{1}{6}n(n+1)(2n+1)$$

$$1^3 + 2^3 + 3^3 + \ldots + n^3 = \sum_{k=1}^{n} k^3 = \frac{1}{4}n^2(n+1)^2$$

$$1^4 + 2^4 + 3^4 + \ldots + n^4 = \sum_{k=1}^{n} k^4 = \frac{1}{30}n(n+1)(2n+1)(3n^2+3n-1)$$

Grenzwert von Folgen, Grenzwertsätze

Eine Folge $(a_n)_{n \in \mathbb{N}}$ heißt **konvergent mit Grenzwert a** (Schreibweise $\lim\limits_{n \to \infty} a_n = a$), wenn die Folgenglieder sich schließlich beliebig wenig von a unterscheiden. D. h.:
Zu jedem $\varepsilon \in \mathbb{R}^+$ kann man ein a_{n_0} angeben, sodass für alle weiteren Folgenglieder a_n mit $n > n_0$ gilt: $|a_n - a| < \varepsilon$.

Nicht konvergente Folgen heißen **divergent**.

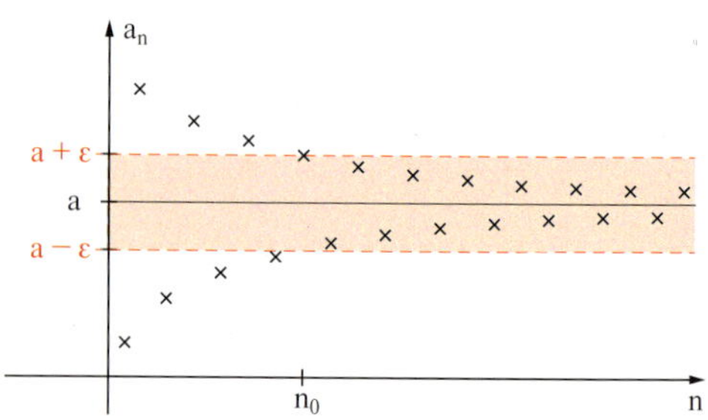

Grenzwertsätze: Sind zwei Folgen $(a_n)_{n \in \mathbb{N}}$ und $(b_n)_{n \in \mathbb{N}}$ konvergent mit den Grenzwerten $\lim\limits_{n \to \infty} a_n = a$ und $\lim\limits_{n \to \infty} b_n = b$ $(a, b \in \mathbb{R})$, dann ist auch die Summen-, Differenz-, Produkt- und Quotientenfolge konvergent:

(1) $\lim\limits_{n \to \infty} (a_n \pm b_n) = a \pm b$ (2) $\lim\limits_{n \to \infty} (a_n \cdot b_n) = a \cdot b$ (3) $\lim\limits_{n \to \infty} \left(\frac{a_n}{b_n}\right) = \frac{a}{b}$, falls $b \neq 0$, $b_n \neq 0$

Folgen mit besonderen Grenzwerten

Folgen mit Grenzwert 0 (Nullfolgen):

$\lim\limits_{n \to \infty} \frac{1}{n} = 0$ $\lim\limits_{n \to \infty} q^n = 0$, falls $|q| < 1$ $\lim\limits_{n \to \infty} \frac{a^n}{n!} = 0$ für beliebige $a \in \mathbb{R}$

Folgen, bei denen die EULER'sche Zahl e = 2,71828... eine Rolle spielt:

$\lim\limits_{n \to \infty} \left(1 + \frac{a}{n}\right)^n = e^a$, $a \in \mathbb{R}$, also speziell $\lim\limits_{n \to \infty} \left(1 + \frac{1}{n}\right)^n = e$ und $\lim\limits_{n \to \infty} \left(1 - \frac{1}{n}\right)^n = \frac{1}{e}$ sowie

$\lim\limits_{n \to \infty} \left(\frac{a^0}{0!} + \frac{a^1}{1!} + \frac{a^2}{2!} + \ldots + \frac{a^n}{n!}\right) = e^a$, $a \in \mathbb{R}$,

also speziell $\lim\limits_{n \to \infty} \left(\frac{1}{0!} + \frac{1}{1!} + \frac{1}{2!} + \ldots + \frac{1}{n!}\right) = e$ und $\lim\limits_{n \to \infty} \left(\frac{1}{0!} - \frac{1}{1!} + \frac{1}{2!} - \ldots + (-1)^n \frac{1}{n!}\right) = \frac{1}{e}$

Weitere Summenfolgen:

$\lim\limits_{n \to \infty} \left(1 - \frac{1}{2} + \frac{1}{3} - \frac{1}{4} + \ldots + (-1)^{n-1} \cdot \frac{1}{n}\right) = \ln(2)$ $\lim\limits_{n \to \infty} \left(1 + \frac{1}{2} + \frac{1}{3} + \ldots + \frac{1}{n}\right)$ existiert nicht

$\lim\limits_{n \to \infty} \left(1 + \frac{1}{4} + \frac{1}{9} + \ldots + \frac{1}{n^2}\right) = \frac{\pi^2}{6}$ $\lim\limits_{n \to \infty} \left(1 - \frac{1}{3} + \frac{1}{5} - \frac{1}{7} + \ldots + (-1)^{n-1} \cdot \frac{1}{2n-1}\right) = \frac{\pi}{4}$

Grenzwert einer Funktion – Stetigkeit

Bei Funktionen betrachtet man Folgen $(x_n)_{n \in \mathbb{N}} \in D_f$ von x-Werten, die gegen eine bestimmte Stelle a konvergieren: $\lim\limits_{n \to \infty} x_n = a$.

Gilt dann für jede dieser Folgen $\lim\limits_{n \to \infty} f(x_n) = g$, so notiert man dies als $\lim\limits_{x \to a} f(x) = g$.

Andere Schreibweise: $\lim\limits_{h \to 0} f(a + h) = g$, dabei steht h für eine Nullfolge $(h_n)_{n \in \mathbb{N}}$, also $x_n = a + h_n$.

Gilt für eine Stelle $a \in D_f$, dass der Grenzwert mit dem Funktionswert an der Stelle a übereinstimmt, also $\lim\limits_{x \to a} f(x) = f(a)$, dann heißt f **stetig an der Stelle a**. Wenn eine Funktion f an jeder Stelle a eines Intervalls $I \subseteq D_f$ stetig ist, dann ist f **auf dem Intervall I stetig**.

Grenzwert einer Funktion im Unendlichen

Bei Folgen $(x_n)_{n \in \mathbb{N}} \in D_f$ von x-Werten, die ins Unendliche gehen, für die also gilt:
$\lim\limits_{n \to \infty} x_n = +\infty$ oder $\lim\limits_{n \to \infty} x_n = -\infty$,
verwendet man ebenfalls die Limes-Schreibweise:
$\lim\limits_{x \to +\infty} f(x) = g$ bzw. $\lim\limits_{x \to -\infty} f(x) = g$,
oder auch, wenn die Funktionswerte der Funktion f über alle Grenzen hinaus wachsen oder fallen, z. B.
$\lim\limits_{x \to +\infty} f(x) = +\infty$ oder $\lim\limits_{x \to +\infty} f(x) = -\infty$.

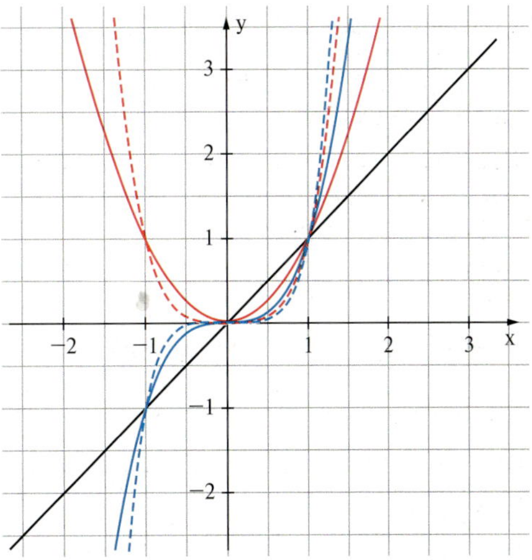

Grenzwerte für $f(x) = x^n$:

$\lim\limits_{x \to +\infty} x^n = +\infty$ für $n \in \mathbb{N}$

und

$\lim\limits_{x \to -\infty} x^n = +\infty$ falls n gerade bzw.

$\lim\limits_{x \to -\infty} x^n = -\infty$ falls n ungerade

Grenzwert einer Funktion an einer Definitionslücke

Wenn die Funktion f an einer Stelle a nicht definiert ist, betrachtet man Folgen von x-Werten, die von links bzw. von rechts gegen die Stelle a konvergieren (links- bzw. rechtsseitiger Grenzwert).
Dann gibt es zwei mögliche Fälle:

(1) Die Definitionslücke ist hebbar, wenn $\lim\limits_{x \to a} f(x) = \lim\limits_{h \to 0} f(a + h)$ existiert. f ist dann an der Stelle x = a **stetig ergänzbar**.

(2) An der Stelle x = a liegt eine **Polstelle** vor: Man unterscheidet Polstellen *mit* bzw. *ohne* Vorzeichenwechsel, z. B.

$\lim\limits_{h \to 0} f(a + h) = -\infty$ für $h < 0$ und
$\lim\limits_{h \to 0} f(a + h) = +\infty$ für $h > 0$

$f(x) = \frac{1}{x - a}$

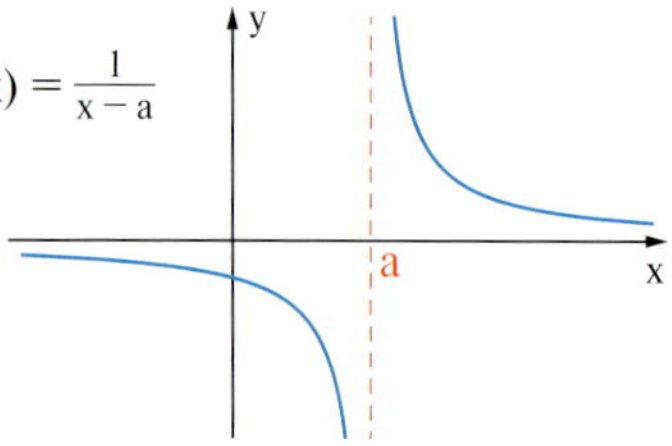

$\lim\limits_{h \to 0} f(a + h) = +\infty$ für $h < 0$ und
$\lim\limits_{h \to 0} f(a + h) = +\infty$ für $h > 0$

$f(x) = \frac{1}{(x - a)^2}$

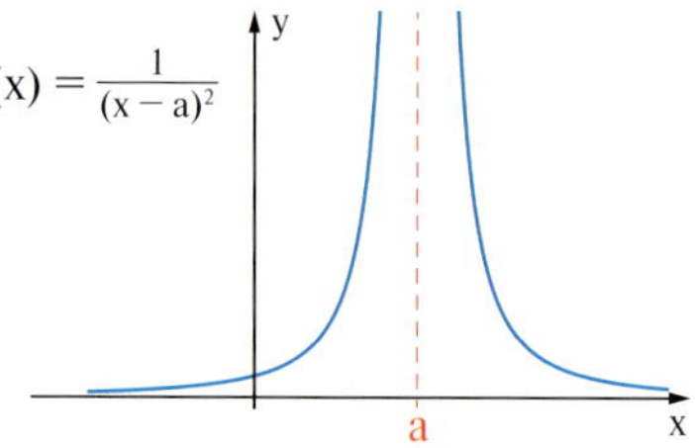

Regel von L'Hospital, Grenzwerte von speziellen Funktionen

Ist f eine Quotientenfunktion mit $f(x) = \frac{u(x)}{v(x)}$ und gilt $v(a) = 0$, dann ist a eine Definitionslücke.
Wenn für die Zählerfunktion ebenfalls gilt $u(a) = 0$, und der Grenzwert $\lim\limits_{x \to a} \frac{u'(x)}{v'(x)}$ existiert, dann gilt:
$\lim\limits_{x \to a} \frac{u(x)}{v(x)} = \lim\limits_{x \to a} \frac{u'(x)}{v'(x)}$ **(Regel von L'Hospital).**

Die Regel ist auch anwendbar, wenn $\lim\limits_{x \to a} u(x) = \pm\infty$, $\lim\limits_{x \to a} v(x) = \pm\infty$ und $a = +\infty$ oder $a = -\infty$ oder $a \in \mathbb{R}$.

Grenzwerte von speziellen Funktionen:

$\lim\limits_{x \to 0} \frac{\sin x}{x} = 1$

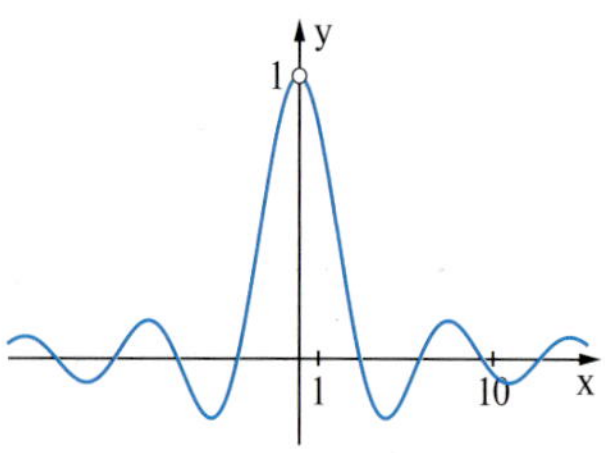

$\lim\limits_{x \to 0} \left(x \cdot \sin\frac{1}{x}\right) = 0$

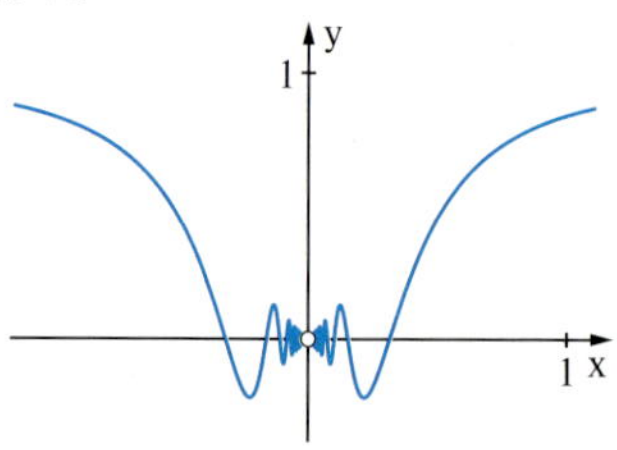

$\lim\limits_{x \to 0} (x^x) = 1$

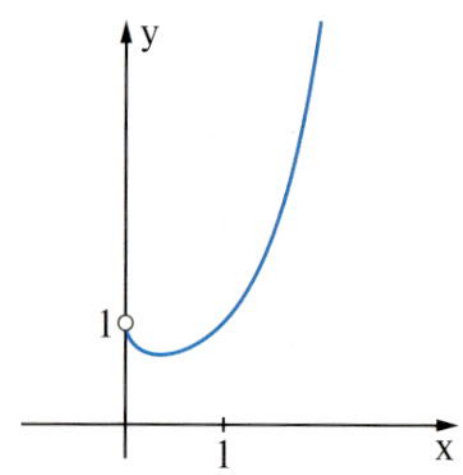

$\lim\limits_{x \to +\infty} \left(\frac{x^n}{e^x}\right) = 0 \quad (n \in \mathbb{N})$

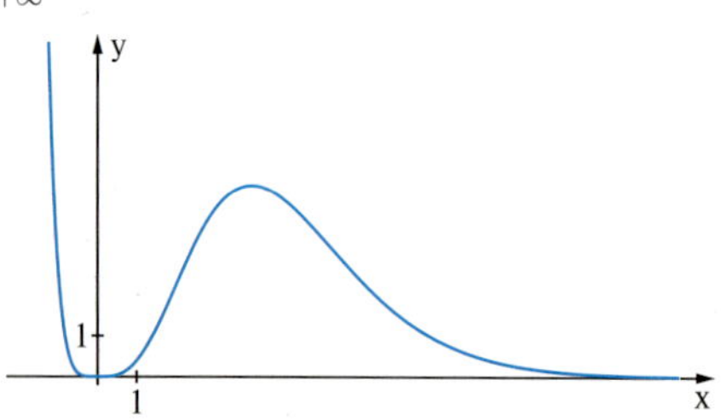

$\lim\limits_{x \to +\infty} \left(\frac{\ln x}{x^n}\right) = 0 \quad (n \in \mathbb{N})$

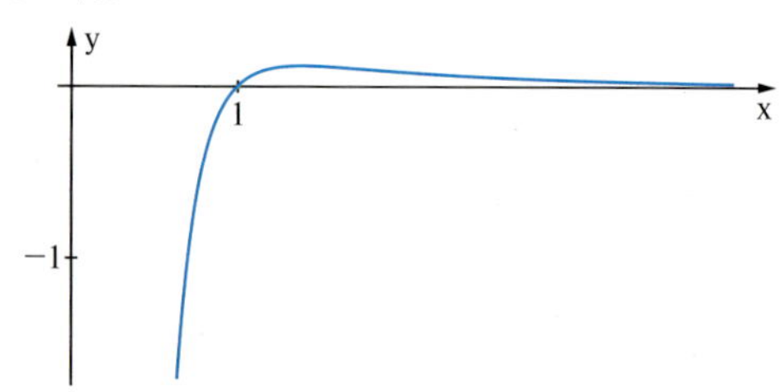

Differenzierbarkeit – Sätze und Regeln

Differenzenquotient, mittlere Änderungsrate

Differenzenquotient m_S einer Funktion f:

$m_S = \frac{f(x_2) - f(x_1)}{x_2 - x_1}$

m_S = Steigung der Sekante durch die Punkte $P_1(x_1 \mid f(x_1))$ und $P_2(x_2 \mid f(x_2))$

= *mittlere Änderungsrate* der Funktion f auf dem Intervall $[x_1; x_2]$

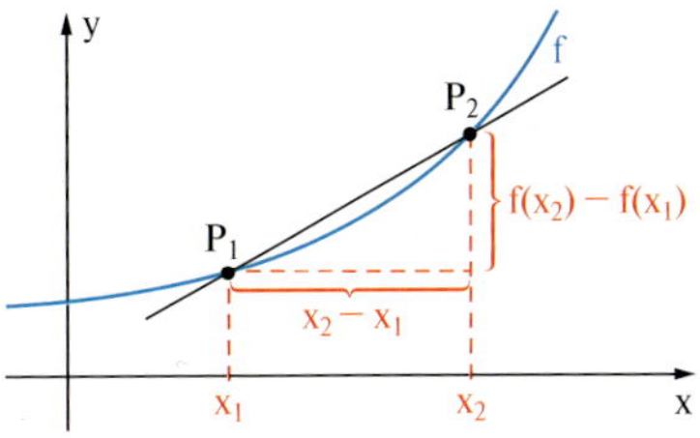

Differenzialquotient, lokale Änderungsrate, Ableitung, Differenzierbarkeit

Differenzialquotient einer Funktion f an der Stelle a:

$f'(a) = \lim\limits_{x \to a} \frac{f(x) - f(a)}{x - a} = \lim\limits_{h \to 0} \frac{f(a + h) - f(a)}{h}$

Verschiedene Sprechweisen und Bedeutungen:
- Grenzwert des Differenzenquotienten an der Stelle a,
- *lokale (momentane) Änderungsrate* von f an der Stelle a,
- Ableitung von f an der Stelle a,
- Steigung der Funktion f an der Stelle a,
- Steigung der Tangente t an den Graphen der Funktion f im Punkt $(a \mid f(a))$.

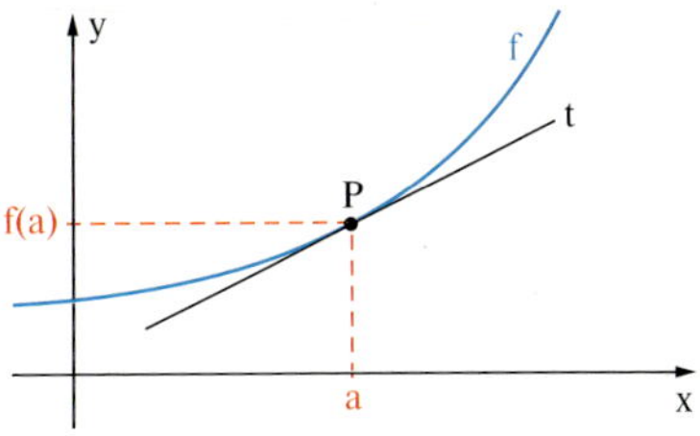

Die Funktion f heißt differenzierbar an der Stelle a, wenn f in einer Umgebung von a definiert ist und der Grenzwert des Differenzenquotienten an der Stelle a existiert. Wenn eine Funktion f an jeder Stelle a eines Intervalls $I \subseteq D_f$ differenzierbar ist, dann ist f **auf dem Intervall I differenzierbar**.

Tangente an den Graphen einer Funktion, Normale, Steigungswinkel

Ist eine Funktion f an der Stelle a differenzierbar, dann existiert dort eine **Tangente t** an den Graphen.

Gleichung der Tangente an den Graphen von f im Punkt $(a \mid f(a))$:
$t(x) = f'(a) \cdot (x - a) + f(a)$

Der Winkel α mit $m = f'(a) = \tan(\alpha)$ ist der **Steigungswinkel** der Tangenten.

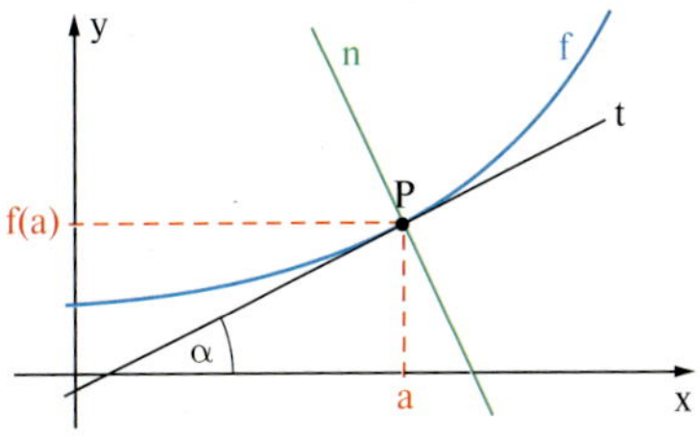

Die **Normale n** zum Graphen von f im Punkt $P(a \mid f(a))$ ist eine Gerade, welche die Tangente im Punkt P senkrecht (orthogonal) schneidet.

Gleichung der Normale (falls $f'(a) \neq 0$):

$n(x) = -\frac{1}{f'(a)} \cdot (x - a) + f(a)$:

Wenn $f'(a) = 0$ (also wenn die Tangente horizontal verläuft), dann ist die Normale parallel zur y Achse: $x = a$.

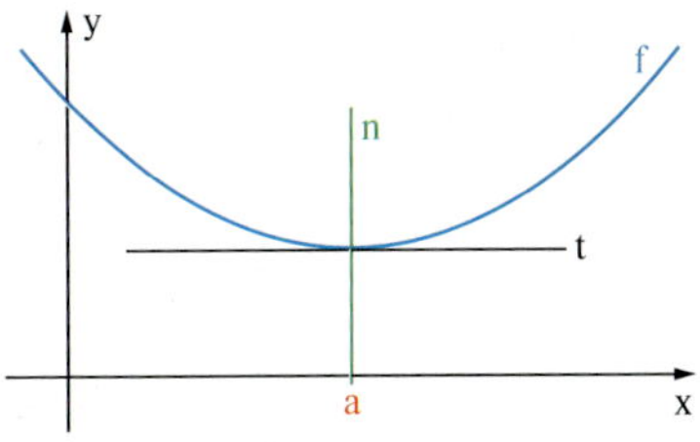

Sätze über stetige Funktionen

(1) Summen, Differenzen, Produkte und Quotienten von stetigen Funktionen sind wieder stetig (Ausnahme: Nullstellen der Nennerfunktion).

(2) Wenn eine Funktion f stetig ist auf einem abgeschlossenen Intervall [a; b], dann gilt:

Nullstellensatz: Hat f an den Stellen a und b verschiedene Vorzeichen, dann existiert im offenen Intervall]a; b[eine Nullstelle x_0 der Funktion f.

Zwischenwertsatz: Stetige Funktionen machen keine Sprünge; sie nehmen jeden Zwischenwert zwischen zwei beliebigen Funktionswerten an.

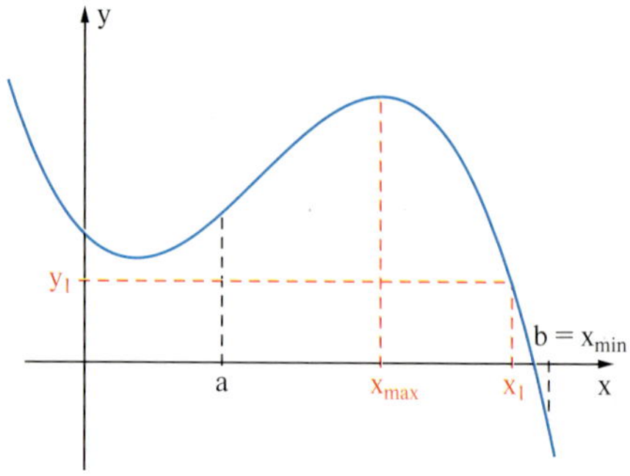

Satz vom Minimum/Maximum: Auf einem abgeschlossenen Intervall $[a; b] \subseteq D_f$ gibt es immer eine Stelle x_{min} und eine Stelle x_{max}, an der die stetige Funktion f einen kleinsten bzw. einen größten Funktionswert annimmt.

Sätze über differenzierbare Funktionen

(1) f differenzierbar in a $\Rightarrow$ f stetig in a.

(2) **Mittelwertsatz der Differenzialrechnung:**
f differenzierbar auf [a; b] $\Rightarrow$ Es existiert mindestens eine Stelle $x_0 \in\ ]a; b[$ mit $f'(x_0) = \frac{f(b) - f(a)}{b - a}$.
(Tangentensteigung in x_0 = Steigung der Sekante durch $(a \mid f(a)), (b \mid f(b))$)

(3) **Monotoniesätze:**
$f'(x) > 0$ auf I $\Rightarrow$ f streng monoton steigend auf I
$f'(x) < 0$ auf I $\Rightarrow$ f streng monoton fallend auf I

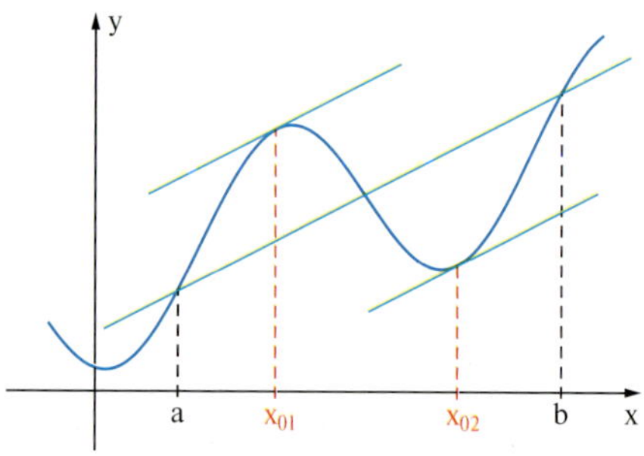

(4) **Konstantenregel:**
$f'(x) = 0$ auf I $\Leftrightarrow$ f konstant auf I

(5) **Eindeutigkeit von Stammfunktionen:**
Je zwei Stammfunktionen F_1, F_2 von f unterscheiden sich nur um eine additive Konstante, d. h. $F_2(x) - F_1(x) =$ konstant (F Stammfunktion von f: $F' = f$).

Ableitungsregeln

Summen, Differenzen und Vielfache, Produkte und Quotienten sowie Verkettungen von differenzierbaren Funktionen sind i. A. ebenfalls differenzierbar. Im Einzelnen gelten folgende Ableitungsregeln:

Sind f und g differenzierbar an der Stelle $a \in D_f$ sowie $k \in \mathbb{R}$, dann gilt:

Summenregel: $(f \pm g)'(a) = f'(a) \pm g'(a)$
Faktorregel: $(k \cdot f)'(a) = k \cdot f'(a)$
Produktregel: $(f \cdot g)'(a) = f'(a) \cdot g(a) + f(a) \cdot g'(a)$
Quotientenregel: $\left(\frac{f}{g}\right)'(a) = \frac{f'(a) \cdot g(a) - f(a) \cdot g'(a)}{g^2(a)}$, wenn $g(a) \neq 0$

Ist f differenzierbar an der Stelle a und g differenzierbar an der Stelle f(a), dann gilt:
Kettenregel: $(g \circ f)'(a) = (g \circ f')(a) \cdot f'(a)$, d. h. $g(f(a))' = g'(f(a)) \cdot f'(a)$

Ableitung der Umkehrfunktion

Ist eine Funktion f auf einem Intervall $I \subseteq D_f$ umkehrbar und an einer Stelle a differenzierbar mit $f(a) = b$, also $a = \bar{f}(b)$, und $f'(a) \neq 0$, dann gilt für die Ableitung der Umkehrfunktion $\bar{f}$: $\bar{f}'(b) = \frac{1}{f'(a)}$.

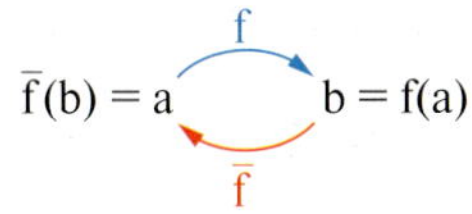

Umkehrfunktionen der trigonometrischen Funktionen

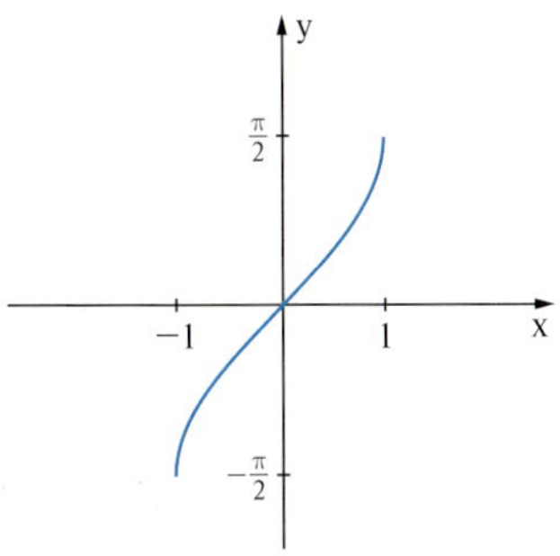

$y = \arcsin x$

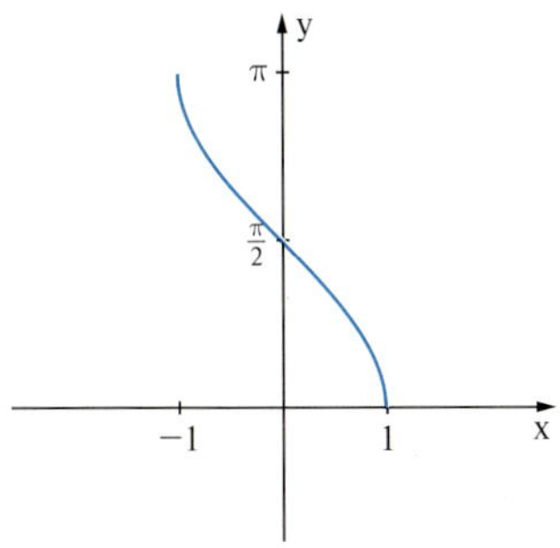

$y = \arccos x$

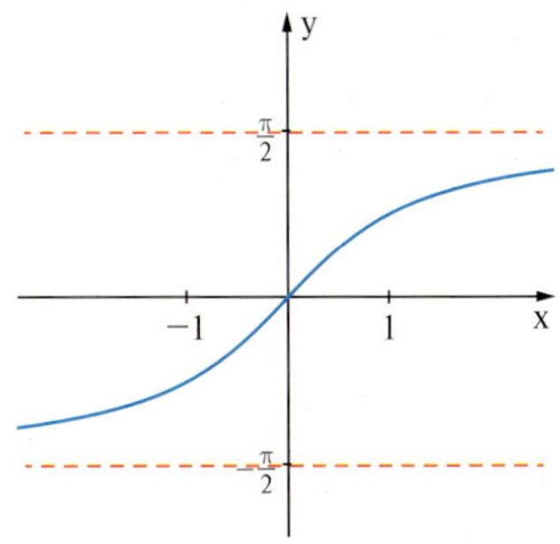

$y = \arctan x$

Hyperbelfunktionen

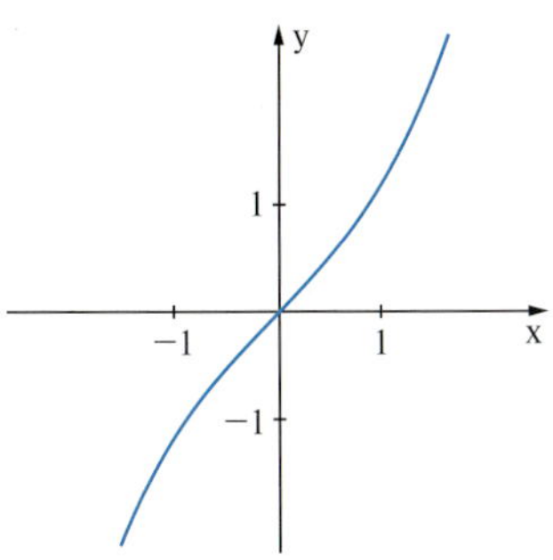

$\sinh x = \frac{1}{2}(e^x - e^{-x})$

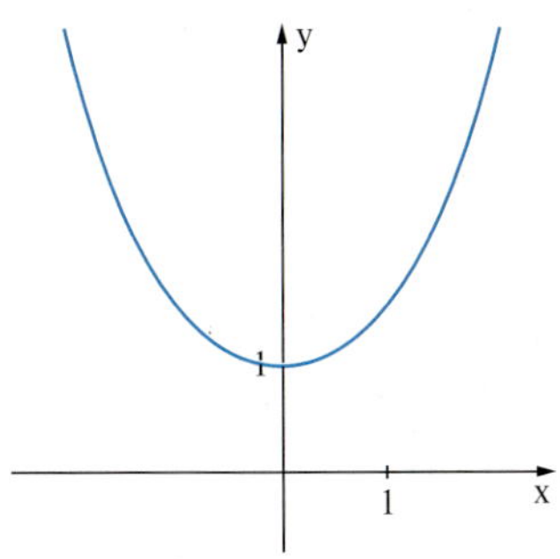

$\cosh x = \frac{1}{2}(e^x + e^{-x})$

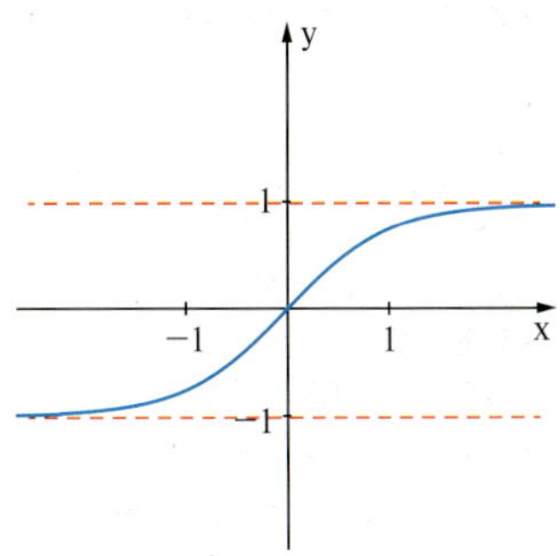

$\tanh x = \frac{\sinh x}{\cosh x}$

Zusammenhang: $\cosh^2 x - \sinh^2 x = 1$

Umkehrfunktionen der Hyperbelfunktionen

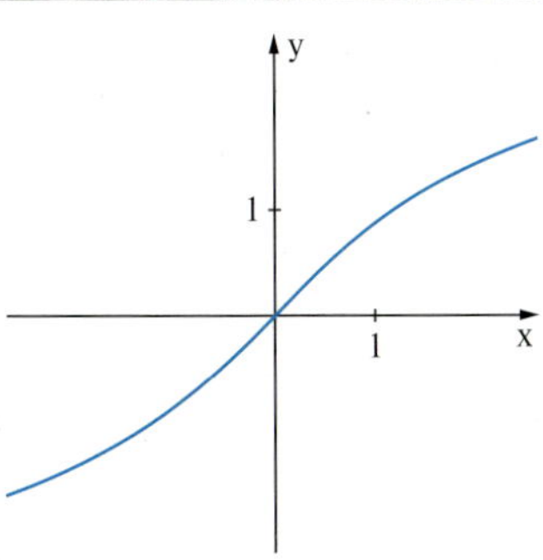

$\operatorname{arsinh} x = \ln\left(x + \sqrt{x^2 + 1}\right)$

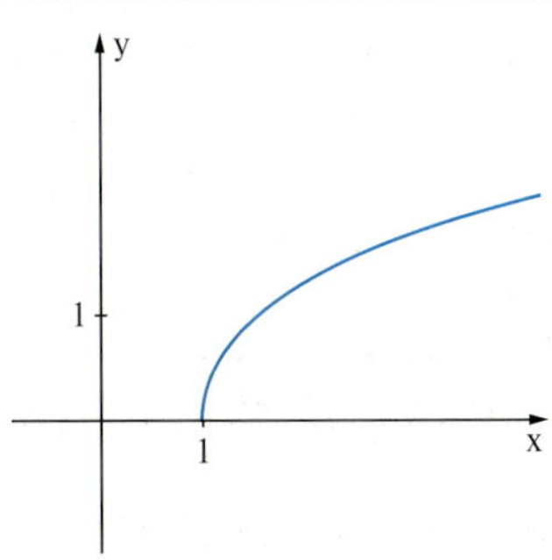

$\operatorname{arcosh} x = \ln\left(x + \sqrt{x^2 - 1}\right)$

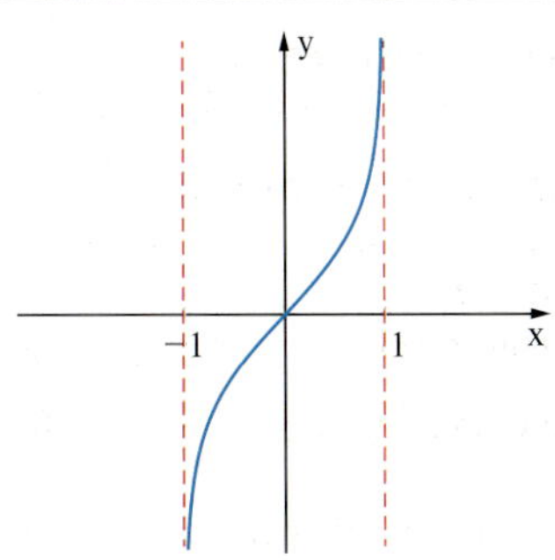

$\operatorname{artanh} x = \frac{1}{2}\ln\left(\frac{1 + x}{1 - x}\right)$

Erweiterung des Funktionenkatalogs – Ableitungen und Stammfunktionen

$F'(x) = f(x)$	$F(x)$	$F'(x) = f(x)$	$F(x)$
$x^r,\ r \neq -1$	$\frac{x^{r+1}}{r+1}$	$(ax+b)^r,\ r \neq -1$	$\frac{(ax+b)^{r+1}}{a(r+1)}$
$\sqrt{x}$	$\frac{2}{3}x^{\frac{3}{2}}$	$\sqrt{ax+b}$	$\frac{2}{3a} \cdot (ax+b)^{\frac{3}{2}}$
$\frac{1}{x}$	$\ln\lvert x\rvert$	$\frac{1}{x-a}$	$\ln\lvert x-a\rvert$
e^x	e^x	a^x	$\frac{a^x}{\ln a}$
$\ln x$	$x \cdot (\ln x - 1)$	$\log_a x$	$\frac{a^x}{\ln a} \cdot (\ln x - 1)$
$\ln a \cdot a^x$	a^x	$\frac{1}{x \cdot \ln a}$	$\log_a x$
$\sin x$	$-\cos x$	$\sinh x$	$\cosh x$
$\cos x$	$\sin x$	$\cosh x$	$\sinh x$
$\tan x$	$-\ln\lvert\cos x\rvert$	$\tanh x$	$\ln(\cosh x)$
$\frac{1}{\cos^2 x} = 1 + \tan^2 x$	$\tan x$	$\frac{1}{\cosh^2 x} = 1 - \tanh^2 x$	$\tanh x$
$\frac{1}{\sqrt{1-x^2}}$	$\arcsin x$	$\arcsin x$	$x \cdot \arcsin x + \sqrt{1-x^2}$
$-\frac{1}{\sqrt{1-x^2}}$	$\arccos x$	$\arccos x$	$x \cdot \arccos x - \sqrt{1-x^2}$
$\frac{1}{1+x^2}$	$\arctan x$	$\arctan x$	$x \cdot \arctan x - \frac{1}{2}\ln(x^2+1)$
$\frac{1}{\sqrt{x^2+1}}$	$\operatorname{arsinh} x$	$\operatorname{arsinh} x$	$x \cdot \operatorname{arsinh} x - \sqrt{x^2+1}$
$\frac{1}{\sqrt{x^2-1}}$	$\operatorname{arcosh} x$	$\operatorname{arcosh} x$	$x \cdot \operatorname{arcosh} x - \sqrt{x^2-1}$
$\frac{1}{1-x^2}$	$\operatorname{artanh} x$	$\operatorname{artanh} x$	$x \cdot \operatorname{artanh} x + \frac{1}{2}\ln(1-x^2)$
$\frac{1}{\sqrt{a^2-x^2}}$	$\arcsin\left(\frac{x}{a}\right)$	$\sqrt{a^2-x^2}$	$\frac{x}{2} \cdot \sqrt{a^2-x^2} + \frac{a^2}{2} \cdot \arcsin\left(\frac{x}{a}\right)$
$\frac{1}{\sqrt{x^2 \pm a^2}}$	$\ln\lvert x + \sqrt{x^2 \pm a^2}\rvert$	$\sqrt{x^2 \pm a^2}$	$\frac{x}{2} \cdot \sqrt{x^2 \pm a^2} \pm \frac{a^2}{2} \cdot \ln\lvert x + \sqrt{x^2 \pm a^2}\rvert$
$\frac{1}{x^2+a^2}$	$\frac{1}{a} \cdot \arctan\left(\frac{x}{a}\right)$	$\frac{1}{x^2-a^2}$	$\frac{1}{2a} \cdot \ln\left\lvert\frac{x-a}{x+a}\right\rvert$
$\frac{1}{(x-a)(x-b)}$	$\frac{1}{a-b} \cdot \ln\left\lvert\frac{x-a}{x-b}\right\rvert$	$\frac{1}{a^2-x^2}$	$\frac{1}{2a} \cdot \ln\left\lvert\frac{a+x}{a-x}\right\rvert$
$\sin^2 x$	$\frac{1}{2}(x - \sin x \cos x)$	$\cos^2 x$	$\frac{1}{2}(x + \sin x \cos x)$
$\frac{1}{\sin x}$	$\ln\left\lvert\tan\frac{x}{2}\right\rvert$	$\frac{1}{\cos x}$	$\ln\left\lvert\tan\left(\frac{x}{2} + \frac{\pi}{4}\right)\right\rvert$
$e^{ax}\sin bx$	$\frac{e^{ax}}{a^2+b^2} \cdot (a\sin bx - b\cos bx)$	$e^{ax}\cos bx$	$\frac{e^{ax}}{a^2+b^2} \cdot (a\cos bx + b\sin bx)$

Potenzreihen

Jede an einer Stelle a (beliebig oft) differenzierbare Funktion f kann durch eine ganzrationale Funktion p_n vom Grad n approximiert werden. Für diese Näherungsfunktion gilt:
$f(a) = p_n(a),\ f'(a) = p_n'(a),\ f''(a) = p_n''(a),\ \ldots,\ f^{(n)}(a) = p_n^{(n)}(a)$

Tangenten sind Graphen linearer Näherungsfunktionen; die Tangenten durch den Wendepunkt sind sogar Graphen quadratischer Näherungsfunktionen.

Die Lösung des o. a. linearen Gleichungssystems mit n + 1 Gleichungen für die n + 1 Koeffizienten führt zum

Satz von Taylor:
Näherungsfunktion n-ten Grades für f an der Stelle a:

$$p_n(x) = f(a) + \frac{f'(a)}{1!}(x-a) + \frac{f''(a)}{2!}(x-a)^2 + \ldots + \frac{f^{(n)}(a)}{n!}(x-a)^n$$

Reihenentwicklung nach McLaurin (Spezialfall für a = 0):
Näherungsfunktion n-ten Grades für f an der Stelle 0:

$$p_n(x) = f(0) + \frac{f'(0)}{1!}\cdot x + \frac{f''(0)}{2!}\cdot x^2 + \ldots + \frac{f^{(n)}(0)}{n!}\cdot x^n$$

Lagrange'sches Restglied: Die Qualität der Näherung kann abgeschätzt werden durch

$$r_n(x) = f(x) - p_n(x) = \frac{(x-a)^{n+1}}{(n+1)!} f^{(n+1)}(a + \vartheta(x-a)),\quad \text{wobei } 0 < \vartheta < 1$$

Für $n \to \infty$ ergeben sich folgende Potenzreihen, die auf dem rechts angegebenen Intervall gegen die links angegebene Funktion konvergieren:

$\sin x = \frac{x}{1!} - \frac{x^3}{3!} + \frac{x^5}{5!} - \frac{x^7}{7!} + \ldots$	$x \in \mathbb{R}$
$\cos x = 1 - \frac{x^2}{2!} + \frac{x^4}{4!} - \frac{x^6}{6!} + - \ldots$	$x \in \mathbb{R}$
$e^x = 1 + \frac{x}{1!} + \frac{x^2}{2!} + \frac{x^3}{3!} + \ldots$	$x \in \mathbb{R}$
$\ln(1+x) = \frac{x}{1} - \frac{x^2}{2} + \frac{x^3}{3} - \frac{x^4}{4} + - \ldots$	$\lvert x\rvert \leqq 1$
$\frac{1}{1+x} = 1 - x + x^2 - x^3 + - \ldots$	$\lvert x\rvert < 1$
$\frac{1}{1+x^2} = 1 - x^2 + x^4 - x^6 + - \ldots$	$\lvert x\rvert < 1$
$(1+x)^k = 1 + \binom{k}{1}x + \binom{k}{2}x^2 + \binom{k}{3}x^3 + \ldots$	$\lvert x\rvert < 1$
$\frac{1}{\sqrt{1+x}} = 1 - \frac{1}{2}x + \frac{3}{8}x^2 - \frac{5}{16}x^3 + \frac{35}{128}x^4 - + \ldots$	$\lvert x\rvert < 1$
$\tan x = x + \frac{1}{3}x^3 + \frac{2}{15}x^5 + \frac{17}{315}x^7 + \ldots$	$\lvert x\rvert < \frac{\pi}{2}$
$\arctan x = \frac{x}{1} - \frac{x^3}{3} + \frac{x^5}{5} - \frac{x^7}{7} + - \ldots$	$\lvert x\rvert \leqq 1$
$\arcsin x = \frac{x}{1} + \frac{1}{2}\cdot\frac{x^3}{3} + \frac{1\cdot 3}{2\cdot 4}\cdot\frac{x^5}{5} + \frac{1\cdot 3\cdot 5}{2\cdot 4\cdot 6}\cdot\frac{x^7}{7} + \ldots$	$\lvert x\rvert \leqq 1$
$\sinh x = \frac{x}{1!} + \frac{x^3}{3!} + \frac{x^5}{5!} + \ldots$	$x \in \mathbb{R}$
$\cosh x = 1 + \frac{x^2}{2!} + \frac{x^4}{4!} + \ldots$	$x \in \mathbb{R}$

Untersuchung der Eigenschaften von Funktionsgraphen

(1) **Definitionsmenge**
Die Menge aller x, die in den Funktionsterm eingesetzt werden dürfen.

(2) **Verhalten an den Rändern** der Definitionsmenge:
Untersuchung von $\lim\limits_{x \to +\infty} f(x)$, $\lim\limits_{x \to -\infty} f(x)$ bzw. $\lim\limits_{x \to r} f(x)$, falls r Randstelle des Definitionsbereichs ist oder Definitionslücke.

(3) **Nullstellen des Graphen**
x_N heißt **Nullstelle** der Funktion f, wenn $f(x_N) = 0$, vgl. auch Seite 42.

(4) **Symmetrie zur y-Achse bzw. zum Ursprung**

Achsensymmetrie:
zur y-Achse: $f(-x) = f(x)$

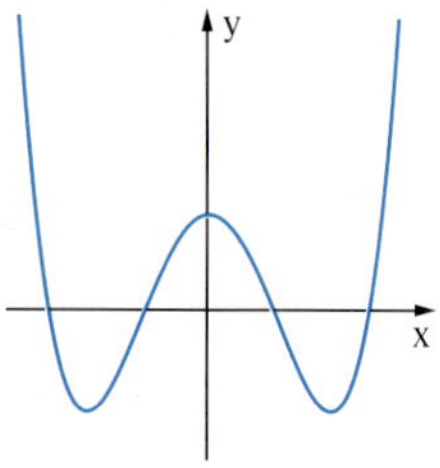

Punktsymmetrie:
zum Ursprung: $f(-x) = -f(x)$

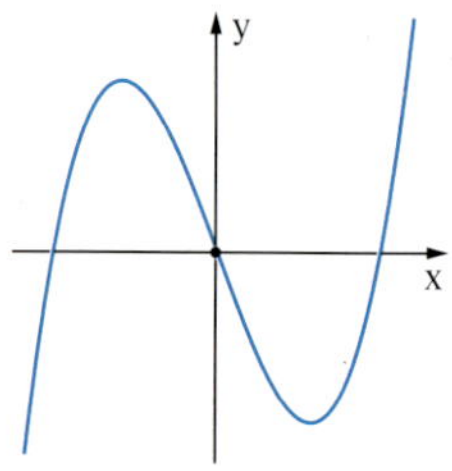

Bei ganz-rationalen Funktionen kann man diese Symmetrieeigenschaften am Funktionsterm erkennen. Treten nur Potenzen auf
– mit geraden Exponenten, so liegt Achsensymmetrie zur y-Achse vor.
– mit ungeraden Exponenten, so liegt Punktsymmetrie zum Ursprung vor.

(5) **Monotonie**
Der Graph einer Funktion f heißt **streng monoton steigend** auf einem Intervall $I \subseteq D_f$, wenn für alle $x_1, x_2 \in I$ mit $x_1 < x_2$ gilt: $f(x_1) < f(x_2)$, und **streng monoton fallend** auf I, wenn für alle $x_1, x_2 \in I$ mit $x_1 < x_2$ gilt: $f(x_1) > f(x_2)$.

Wegen der Monotoniesätze (vgl. S. 36) sind die Monotonie-Intervalle einer Funktion bestimmt durch die Nullstellen von f′ und die Definitionslücken.

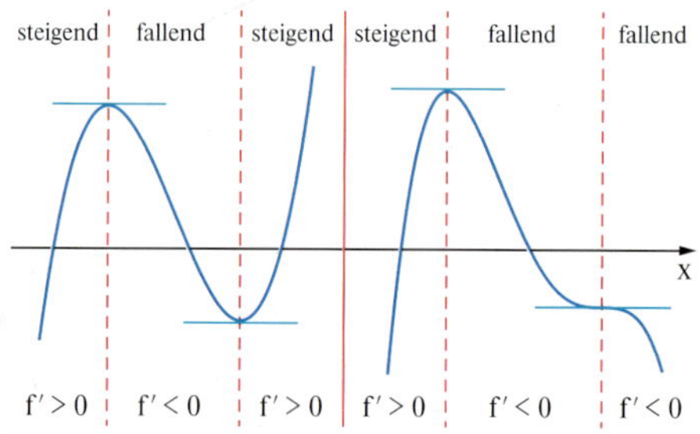

(6) **Extrempunkte**
Wenn für eine Umgebung von x_E gilt: $f(x) < f(x_E)$, dann liegt bei x_E ein **lokales Maximum** vor.
Gilt dagegen: $f(x) > f(x_E)$, dann liegt bei x_E ein **lokales Minimum** vor.
Der Punkt $(x_E \mid f(x_E))$ wird als **Hochpunkt** bzw. **Tiefpunkt** des Graphen bezeichnet.

Notwendige Bedingung für lokale Extrema:
Wenn f an der Stelle x_E ein lokales Extremum hat, dann gilt: $f'(x_E) = 0$, d. h. Extremstellen eines Graphen findet man unter den Nullstellen der Ableitungsfunktion.

Hinreichende Bedingung für lokale Extrema: Vorzeichenwechsel der 1. Ableitung
Gilt für eine Stelle x_E, dass $f'(x_E) = 0$ und dass f′ einen Vorzeichenwechsel von + nach − hat (der Graph von f also einen Monotoniewechsel von steigend nach fallend), dann ist x_E ein lokales Maximum.
Gilt für eine Stelle x_E, dass $f'(x_E) = 0$ und dass f′ einen Vorzeichenwechsel von − nach + hat (also einen Monotoniewechsel von fallend nach steigend), dann ist x_E ein lokales Minimum.

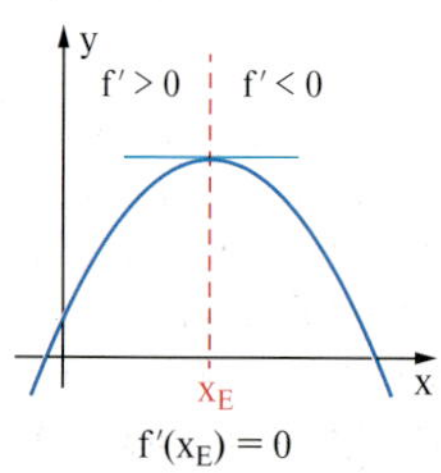

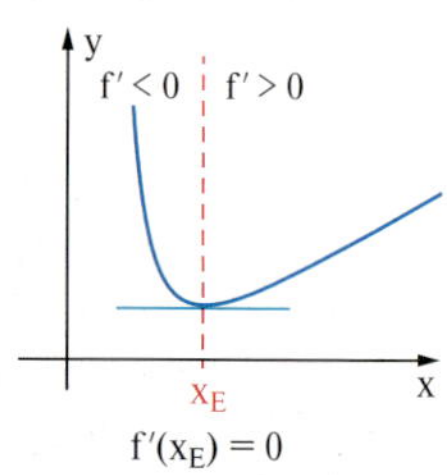

Hinreichende Bedingung für lokale Extrema: Vorzeichen der 2. Ableitung
Gilt für eine Stelle x_E, dass $f'(x_E) = 0$ und dass $f''(x_E) > 0$ (der Graph also linksgekrümmt ist), dann ist x_E ein lokales Minimum.
Gilt für eine Stelle x_E, dass $f'(x_E) = 0$ und dass $f''(x_E) < 0$ (der Graph also rechtsgekrümmt ist), dann ist x_E ein lokales Maximum.

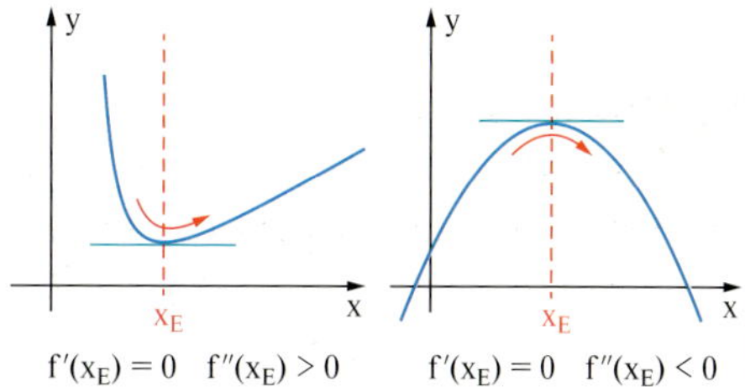

Absolute Extrema: Hat man die lokalen Extrema bestimmt, dann prüft man, ob diese ggf. auch absolute Extrema sind: Falls es einen Punkt $(x_E \mid f(x_E))$ gibt mit $f(x_E) \geqq f(x)$ für alle $x \in D_f$, dann ist x_E ein absolutes Maximum des Graphen (analog: absolutes Minimum).

(7) **Krümmung**
Der Graph von f ist *linksgekrümmt* auf dem Intervall $I \subseteq D_f$, wenn f' streng monoton steigend auf I, bzw. *rechtsgekrümmt* auf $I \subseteq D_f$, wenn f' streng monoton fallend auf I.
Krümmungsintervalle sind bestimmt durch die Nullstellen von f'' und die Definitionslücken.
$f''(x) > 0$ für $x \in I \Rightarrow$ Linkskrümmung auf I
$f''(x) < 0$ für $x \in I \Rightarrow$ Rechtskrümmung auf I

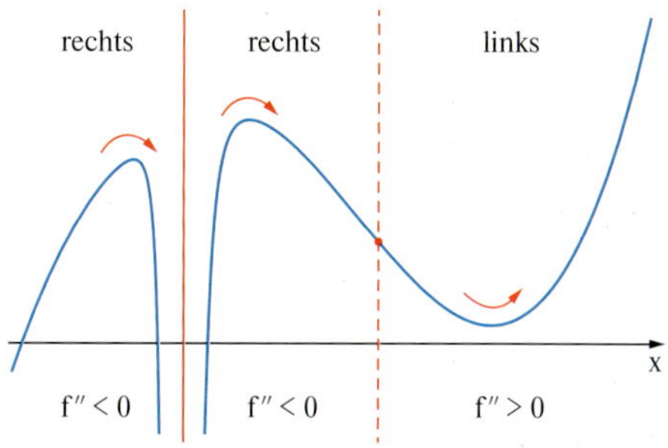

(8) **Wendepunkte**
Punkte eines Graphen, in denen die Krümmung wechselt, werden als **Wendepunkte** bezeichnet, Wendepunkte mit horizontaler Tangente als **Sattelpunkte**.

Notwendige Bedingung für Wendestellen:
Wenn f an der Stelle x_W eine Wendestelle hat, dann gilt: $f''(x_W) = 0$, d. h. Wendestellen eines Graphen findet man unter den Nullstellen der 2. Ableitungsfunktion.

Hinreichende Bedingung für Wendestellen: Vorzeichenwechsel der 2. Ableitungsfunktion
Gilt für eine Stelle x_W, dass $f''(x_W) = 0$ und dass f'' einen Vorzeichenwechsel hat (der Graph von f also einen Krümmungswechsel), dann ist x_W eine Wendestelle.

Hinreichende Bedingung für Wendestellen: Vorzeichen der 3. Ableitungsfunktion
Gilt für eine Stelle x_W, dass $f''(x_W) = 0$ und dass $f'''(x_W) \neq 0$, dann ist x_W eine Wendestelle.

Nicht jede Stelle mit $f'(a) = 0$ und $f''(a) = 0$ ist eine Extremstelle bzw. eine Wendestelle.

Allgemein gilt:
Wenn $0 = f'(a) = f''(a) = f'''(a) = \ldots = f^{(n-1)}(a)$, aber $f^{(n)}(a) \neq 0$,
dann ist
a Extremstelle, falls n gerade, und a Sattelstelle, falls n ungerade.

(9) **Wertemenge**
Die Wertemenge, also die Menge aller Funktionswerte, wird bestimmt durch die Monotonie des Graphen und das Verhalten des Graphen an den Rändern der Definitionsmenge (also Verhalten im Unendlichen bzw. an Definitionslücken).
Die Wertemenge einer Funktion kann durch absolute Extremwerte begrenzt sein.
Da die Definitionsmenge in Sachzusammenhängen oft nur aus einem abgeschlossenen Intervall besteht, ist es möglich, dass die Funktionswerte am Rand dieses Intervalls Extremwerte sind (Randextrema).

Linearfaktorzerlegung

Für ganz-rationale Funktionen gilt:
Ist a eine Nullstelle, d. h. $f(a) = 0$, dann lässt sich der Funktionsterm $f(x)$ durch den Linearfaktor $(x - a)$ teilen, d. h., die Termdivision $f(x) : (x - a)$ geht ohne Rest auf. $f(x)$ lässt sich dann als Produkt schreiben: $f(x) = (x - a) \cdot f_1(x)$, wobei der Grad von $f_1(x)$ um 1 kleiner ist als der Grad von $f(x)$.

Symmetrie von Graphen zu einer Parallelen zur y-Achse bzw. zu einem Punkt

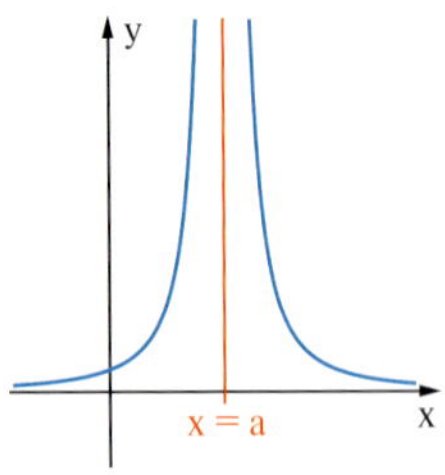

Allgemein gilt:
Der Graph von f ist
- achsensymmetrisch zur Geraden mit $x = a$, wenn gilt:
  $f(a + x) = f(a - x)$
- punktsymmetrisch zum Punkt $S(a \mid b)$, wenn gilt:
  $f(a + x) + f(a - x) = 2b$

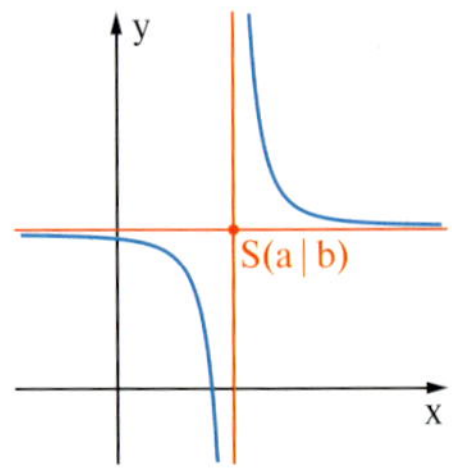

Newton'sches Näherungsverfahren zur Bestimmung von Nullstellen

Iterationsvorschrift: $x_{n+1} = x_n - \frac{f(x_n)}{f'(x_n)}$, $n \in \mathbb{N}$

Enthält das Intervall $I =]a; b[$ genau eine Nullstelle und gelten für alle $x \in I$ die Bedingungen $f'(x) \neq 0$ sowie $\left|\frac{f(x) \cdot f''(x)}{f'(x)^2}\right| \leq K < 1$, dann konvergiert die Folge gegen die gesuchte Nullstelle.

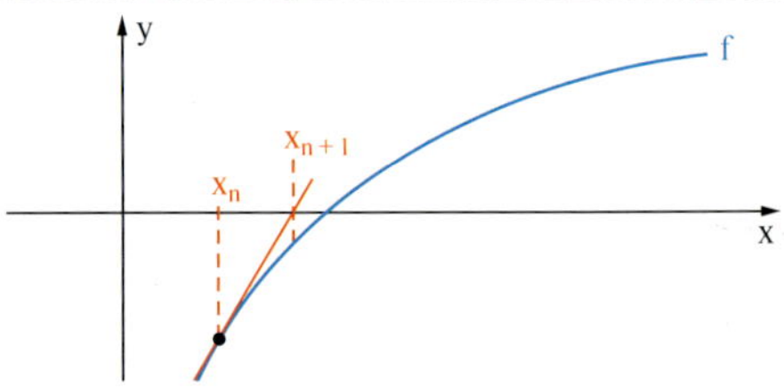

Asymptotenfunktion

Ist bei einer gebrochen-rationalen Funktion $f(x) = \frac{p(x)}{q(x)}$ der Grad des Zählerterms $p(x)$ mindestens so groß wie der Grad des Nennerterms $q(x)$, dann lässt sich eine Termdivision $p(x) : q(x)$ durchführen.

$f(x) = a(x) + \frac{r(x)}{q(x)}$

Für $a(x)$ gilt: $\lim\limits_{\substack{x \to +\infty \\ (x \to -\infty)}} (f(x) - a(x)) = 0$

$a(x)$ heißt Asymptotenfunktion für $f(x)$.
Der Grad von $r(x)$ ist kleiner als der Grad von $q(x)$.

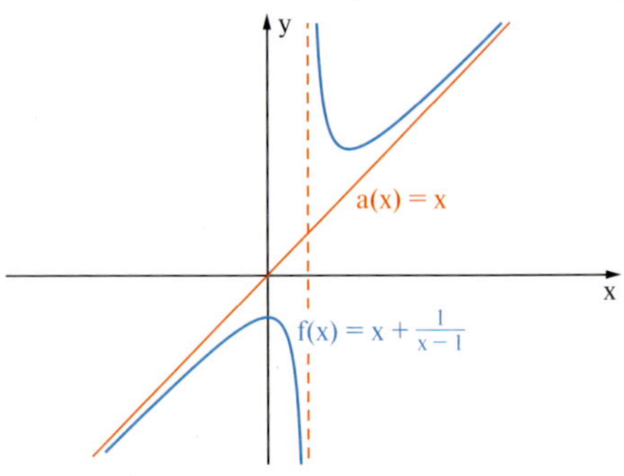

Krümmungskreis

Im Berührpunkt $P(a \mid f(a))$ stimmen Graph von f und Kreislinie in Steigung und Krümmung überein:

Radius: $r = \frac{[1 + (f'(a))^2]^{\frac{3}{2}}}{|f''(a)|}$

$M\left(a - f'(a) \cdot \frac{1 + (f'(a))^2}{f''(a)} \,\middle|\, f(a) + \frac{1 + (f'(a))^2}{f''(a)}\right)$

$K = \frac{1}{r}$ heißt Krümmung der Kurve an der Stelle a.

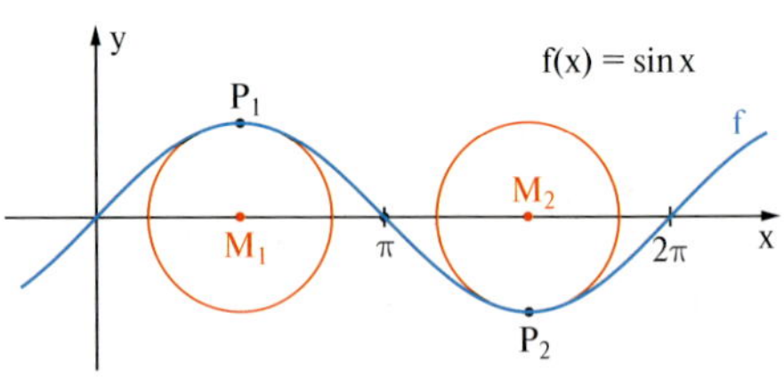

Anwendungen der Differenzialrechnung

Koeffizientenbestimmung zur Rekonstruktion geeigneter ganz-rationaler Funktionen

Sind Eigenschaften der Graphen einer Funktion f mit $f(x) = a_n x^n + a_{n-1} x^{n-1} + ... + a_2 x^2 + a_1 x + a_0$ oder ihrer Ableitungsfunktionen f′ bzw. f″ vorgegeben, dann kann man diese als Gleichungen in ein lineares Gleichungssystem einbringen:

Eigenschaften des Graphen	**zugehörige Gleichung**
Der Graph schneidet die y-Achse im Punkt (0 | d)	$f(0) = d$
An der Stelle a liegt eine Nullstelle	$f(a) = 0$
An der Stelle a verläuft die Tangente horizontal	$f'(a) = 0$
An der Stelle a liegt ein lokales Extremum	$f'(a) = 0$
An der Stelle a liegt eine Wendestelle	$f''(a) = 0$
An der Stelle a ist die Steigung maximal (minimal)	$f''(a) = 0$
An der Stelle a liegt eine Sattelstelle	$f'(a) = 0$ und $f''(a) = 0$

Nahtloser, glatter, ruckfreier Übergang zwischen zwei Funktionsgraphen

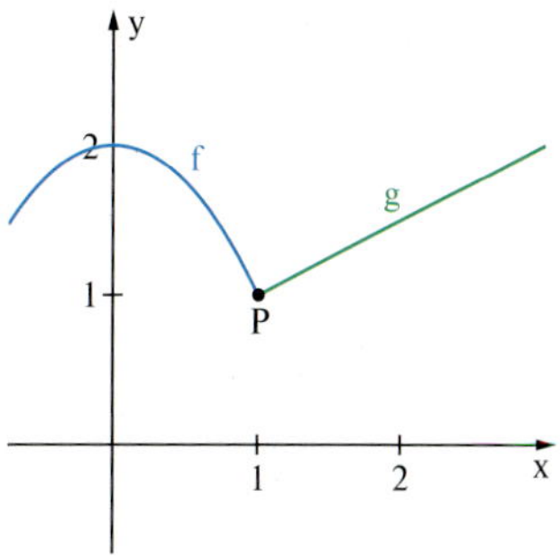

Nahtloser Übergang:
Die beiden Graphen haben am Rand ihrer Definitionsmengen einen Punkt gemeinsam:
$f(x_0) = g(x_0)$

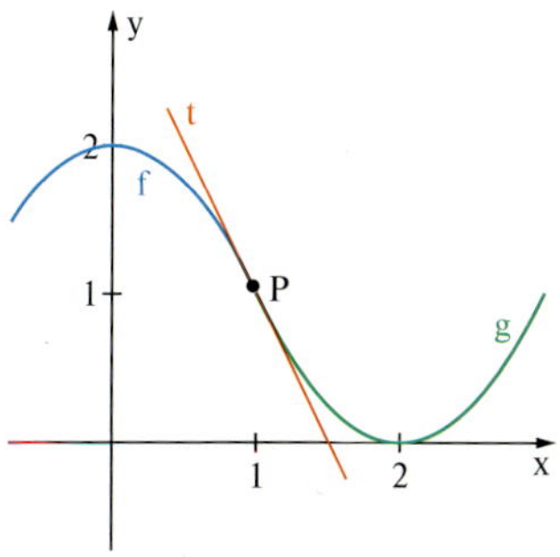

Glatter Übergang:
Die beiden Graphen haben einen Punkt und die Tangente in diesem Punkt gemeinsam:
$f(x_0) = g(x_0)$ *und* $f'(x_0) = g'(x_0)$

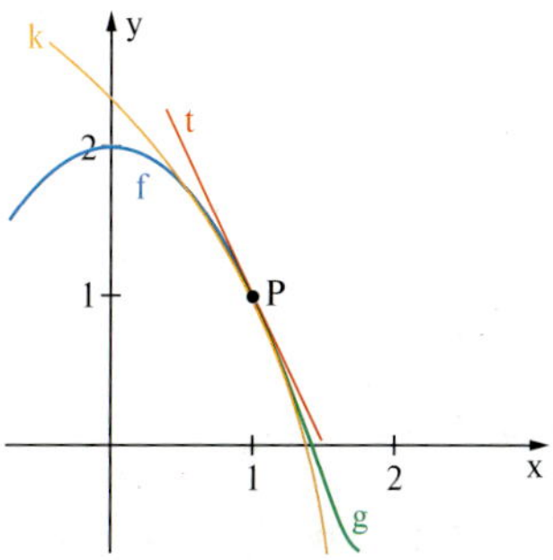

Ruckfreier Übergang:
Die beiden Graphen haben einen Punkt, in diesem die Tangente sowie den Krümmungskreis gemeinsam:
$f(x_0) = g(x_0)$ *und* $f'(x_0) = g'(x_0)$ *und* $f''(x_0) = g''(x_0)$

Vorgehen beim Lösen von Extremwertproblemen

Schritt 1: Bezeichnen aller auftretenden Größen mit Variablen, Angeben einer Funktionsgleichung für die zu optimierende Größe, i. A. mit mehreren Variablen *(Extremalbedingung)*

Schritt 2: Aufstellen einer Gleichung für den Zusammenhang zwischen den Variablen *(Nebenbedingung)* und Auflösen nach einer Variablen

Schritt 3: Durch Einsetzen einer Nebenbedingung eine Variable in der Extremalbedingung eliminieren – Zielfunktion mit nur *einer* Variablen, Definitionsbereich der Zielfunktion ermitteln

Schritt 4: Berechnen der Extremstellen der Zielfunktion mithilfe der Nullstellen der Ableitung

Schritt 5: Überprüfen, ob am Rand des Definitionsbereichs größere oder kleinere Funktionswerte auftreten *(Randextrema)*

Schritt 6: Bestimmen der Werte der übrigen Variablen, Formulieren des Ergebnisses

Ortslinien von Kurvenscharen

Der Graph, auf dem besondere Punkte, z. B. Extrema oder Wendepunkte, aller Funktionen einer Funktionenschar mit Parameter k liegen, wird als **Ortslinie (Ortskurve)** dieser Punkte bezeichnet.

Um die Gleichung einer Ortslinie der besonderen Punkte zu ermitteln, bestimmt man die vom Parameter k abhängigen Koordinaten $(x(k) \mid y(k))$ der Punkte. Dann löst man die Gleichung $x = x(k)$ nach k auf und ersetzt in der Gleichung $y = y(k)$ den Parameter k durch diesen Term.

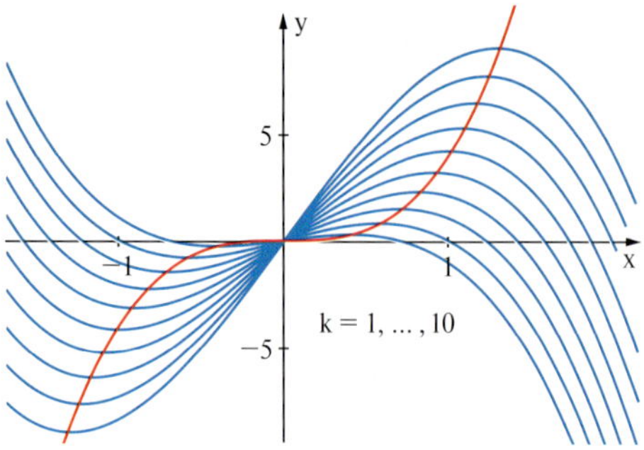

Lineare Differenzialgleichungen

Differenzialgleichungen geben einen Zusammenhang zwischen der Funktion und/oder der ersten und/oder einer höheren Ableitung an. Der Funktionswert f(0) wird als Anfangswert bezeichnet.

Differenzialgleichung eines linearen Wachstumsprozesses (Abbildung 1):
Alle Lösungen der Differenzialgleichung $f'(x) = k$ haben einen Funktionsterm der Form $f(x) = k \cdot x + a$ mit $a, k \in \mathbb{R}$. Die Differenzialgleichung hat die Lösung $f(x) = k \cdot x + f(0)$.

Differenzialgleichung eines exponentiellen Wachstumsprozesses (Abbildung 2):
Eine Differenzialgleichung der Form $f'(t) = k \cdot f(t)$ mit $f(t) \neq 0$ beschreibt für $k > 0$ einen exponentiellen Zunahmeprozess, für $k < 0$ einen exponentiellen Abnahmeprozess. Die Differenzialgleichung hat nur eine Lösung, nämlich $f(t) = f(0) \cdot e^{k \cdot t}$.

Differenzialgleichung eines begrenzten Wachstumsprozesses (Abbildung 3):
Ein durch eine Schranke S begrenzter Wachstumsprozess wird durch eine Differenzialgleichung der Form $f'(t) = k \cdot (S - f(t))$ mit $k > 0$ beschrieben. Lösungen der Differenzialgleichung sind Funktionen der Form $f(t) = S + (f(0) - S) \cdot e^{-k \cdot t}$ mit dem Wachstumsfaktor $k > 0$.

Differenzialgleichung eines logistischen Wachstumsprozesses (Abbildung 4):
Ein logistischer Wachstumsprozess mit der Sättigungsgrenze S wird durch eine Differenzialgleichung der Form $f'(t) = k \cdot f(t) \cdot (S - f(t))$ beschrieben. Lösungen der Differenzialgleichung sind Funktionen der Form $f(t) = \frac{S}{1 + \left(\frac{S}{f(0)} - 1\right) e^{-k \cdot S \cdot t}}$.

Differenzialgleichung einer harmonischen Schwingung:
Eine ungedämpfte harmonische Schwingung wird durch eine Differenzialgleichung der Form $f''(t) = -\omega^2 \cdot f(t)$ beschrieben. Lösungen der Differenzialgleichung sind Funktionen der Form $f(t) = A \cdot \sin(\omega \cdot t + \Phi_0)$; dabei ist A die Amplitude, ω die Kreisfrequenz und Φ_0 die Anfangsphase der Schwingung.

Abbildung 1

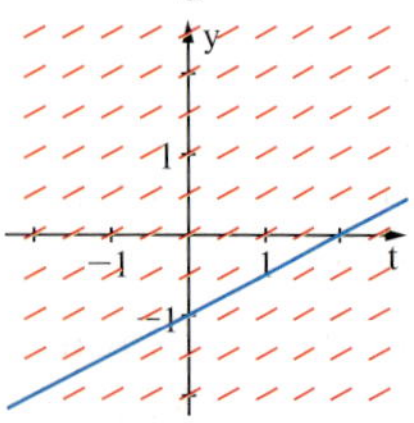

$f'(t) = 0{,}5$

Abbildung 2

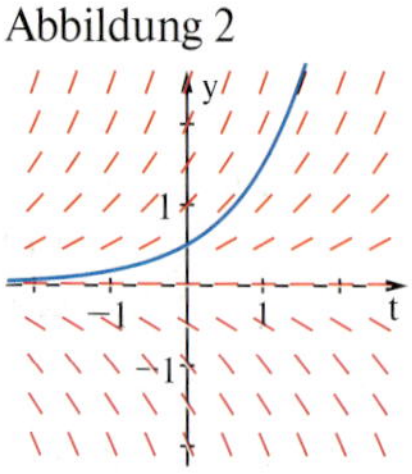

$f'(t) = 1{,}1 \cdot f(t)$

Abbildung 3

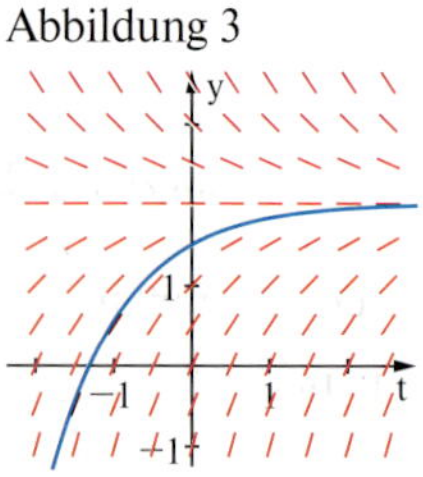

$f'(t) = 1{,}05 \cdot (2 - f(t))$

Abbildung 4

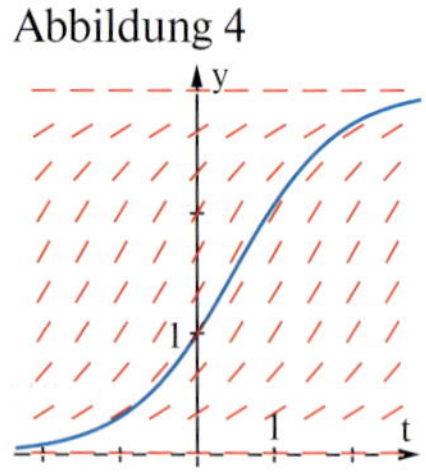

$f'(t) = 0{,}5 \cdot f(t) \cdot (3 - f(t))$

Regressionsrechnung

Grundidee der Regressionsrechnung

Grundidee: In der Regressionsrechnung sucht man zu einer aus n Punkten $P_1(x_1 \mid y_1)$, $P_2(x_2 \mid y_2)$, ..., $P_n(x_n \mid y_n)$ bestehenden Punktwolke eine geeignete Modellierungsfunktion f. Als Maß für die Anpassung von Realität (Punktwolke) und Modell wird die **quadratische Abweichung** Δ in Richtung der y-Achse betrachtet:

$$\Delta = [y_1 - f(x_1)]^2 + [y_2 - f(x_2)]^2 + \ldots + [y_n - f(x_n)]^2$$

Lineare Regression

Bei der **linearen Regression** sucht man die Koeffizienten einer linearen Funktion, für die Δ minimal wird.
Die Ausgleichsgerade verläuft durch den Schwerpunkt $S(\overline{x} \mid \overline{y})$ der Punktwolke mit

$$\overline{x} = \frac{1}{n}(x_1 + x_2 + \ldots + x_n), \quad \overline{y} = \frac{1}{n}(y_1 + y_2 + \ldots + y_n).$$

Gleichung der Ausgleichsgerade:
$f(x) = m_x \cdot (x - \overline{x}) + \overline{y}$, wobei

$$m_x = \frac{S_{xy}}{S_{xx}} = \frac{\sum_{i=1}^{n}(x_i - \overline{x})(y_i - \overline{y})}{\sum_{i=1}^{n}(x_i - \overline{x})^2} = \frac{\sum_{i=1}^{n} x_i y_i - n\overline{x}\,\overline{y}}{\sum_{i=1}^{n} x_i^2 - n\overline{x}^2}$$

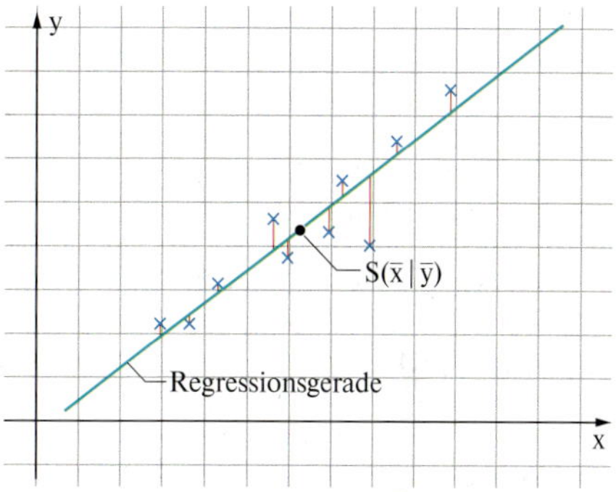

Bestimmtheitsmaß und linearer Korrelationskoeffizient

Vertauscht man bei den Punkten der Punktwolke die x- und y-Koordinate, dann ergibt sich i. A. eine andere Regressionsgerade (Regression bzgl. y). Das Produkt der Steigungen m_x und m_y wird als **Bestimmtheitsmaß** bezeichnet, das geometrische Mittel der Steigungen m_x und m_y als **linearer Korrelationskoeffizient** (mit Vorzeichen – je nach Steigung):

$$r = \pm\sqrt{m_x \cdot m_y} = \pm\frac{S_{xy}}{\sqrt{S_{xx} \cdot S_{yy}}} = \pm\frac{\sum_{i=1}^{n}(x_i - \overline{x})(y_i - \overline{y})}{\sqrt{\sum_{i=1}^{n}(x_i - \overline{x})^2 \sum_{i=1}^{n}(y_i - \overline{y})^2}}$$ **(Pearson'scher Korrelationskoeffizient)**

Korrelation und Kausalität

Der Korrelationskoeffizient r kann Werte zwischen $r = -1$ und $r = +1$ annehmen.
Ist $r < -0{,}8$ oder $r > +0{,}8$, dann spricht man von **starker Korrelation** der Merkmale oder auch von einem *statistischen* Zusammenhang (bedeutet nicht notwendig: *kausaler* Zusammenhang, sondern nur *Gleichläufigkeit* der Merkmale). Bei Werten $-0{,}5 \leqq r \leqq +0{,}5$ spricht man von **schwacher Korrelation**.

Nicht-lineare Regression

Analog zur linearen Regression kann man zu den Daten einer Punktwolke eine geeignete ganzrationale Regressionsfunktion höheren Grades bestimmen oder Modellierung durch eine Potenz-, Exponential-, Logarithmus- oder Sinusfunktion bzw. logistische Funktion vornehmen.

Zu einer Punktwolke aus (n + 1) Punkten mit (n + 1) voneinander verschiedenen x-Werten existiert *eindeutig* eine ganzrationale Funktion n-ten Grades, deren Graph genau durch die Punkte der Punktwolke verläuft, d. h. für die $r^2 = 1$ gilt.

Integralrechnung

Untersumme, Obersumme einer Funktion, Integrierbarkeit

Für eine Funktion f mit Definitionsbereich [a; b] wird das **Integral** $\int_a^b f(x)\,dx$ definiert als eine Zahl, die man nach folgendem Verfahren erhält:

(1) Man teilt das Intervall [a; b] in n Teilintervalle der Breite $\Delta x = \frac{b-a}{n}$ auf.
Die Intervallgrenzen dieser Teilintervalle sind dann:
$x_0 = a$, $a_1 = a + \Delta x$, $x_2 = a + 2 \cdot \Delta x$,
$x_3 = a + 3 \cdot \Delta x$, ... , $x_n = a + n \cdot \Delta x = b$

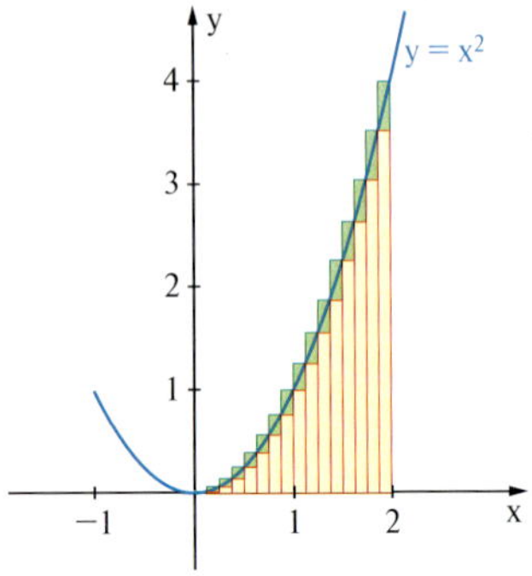

(2) Man bestimmt die zugehörigen Ober- und Untersummen, d. h. falls f(x) monoton wachsend:
Untersumme
$\underline{S}_n = \Delta x \cdot (f(x_0) + f(x_1) + f(x_2) + ... + f(x_{n-1}))$
Obersumme
$\overline{S}_n = \Delta x \cdot (f(x_1) + f(x_2) + f(x_3) + ... + f(x_n))$

(3) Existiert für $n \to \infty$ der gemeinsame Grenzwert der Ober- und Untersummen, dann heißt die Funktion f über dem Intervall [a; b] integrierbar und $\int_a^b f(x)\,dx = \lim\limits_{n \to \infty} \underline{S}_n = \lim\limits_{n \to \infty} \overline{S}_n$ wird als **Integral von f über dem Intervall [a; b]** bezeichnet.

Integralfunktion mit variabler oberer Grenze

Diejenige Funktion I_a, die einer festen Zahl a den Wert des Integrals zuordnet, wird als **Integralfunktion** von f mit unterer Grenze a und variabler oberer Grenze x bezeichnet:

$I_a(x) = \int_a^x f(t)\,dt$

Beschreibt die Funktion f die lokale (momentane) Änderungsrate einer Größe, dann beschreibt die zugehörige Integralfunktion I_a die Gesamtentwicklung dieser Größe für das Intervall [a; x] (aus Änderungsraten rekonstruierter Bestand).

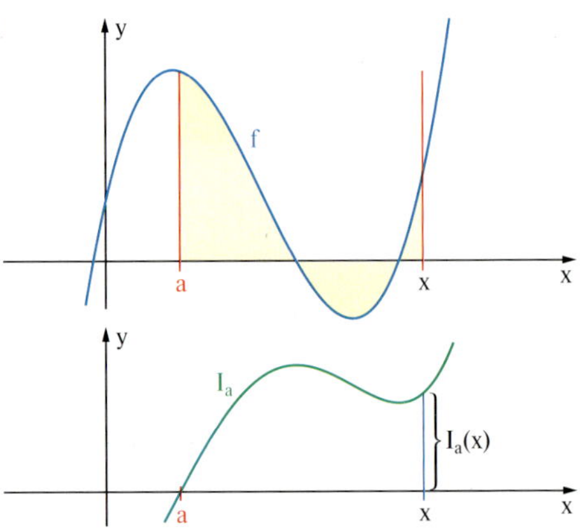

Hauptsatz der Differenzial- und Integralrechnung

(1) Ist f eine auf einem Intervall I stetige Funktion, dann besitzt f eine Stammfunktion Φ, d. h. es gilt: $\Phi' = f$. Diese Funktion Φ lässt sich in der Form $\Phi(x) = \int_a^x f(t)\,dt$ darstellen (also zumindest als Integralfunktion mit variabler oberer Grenze).

(2) Ist F *irgendeine* Stammfunktion von f (d. h. gilt $F' = f$), dann gilt: $\int_a^b f(x)\,dx = F(b) - F(a) = [F(x)]_a^b$.

Eigenschaften des Integrals

(1) **Änderung der Grenzen**

$\int_a^b f(x)\,dx = \int_a^c f(x)\,dx + \int_c^b f(x)\,dx$

$\int_a^b f(x)\,dx = -\int_b^a f(x)\,dx$

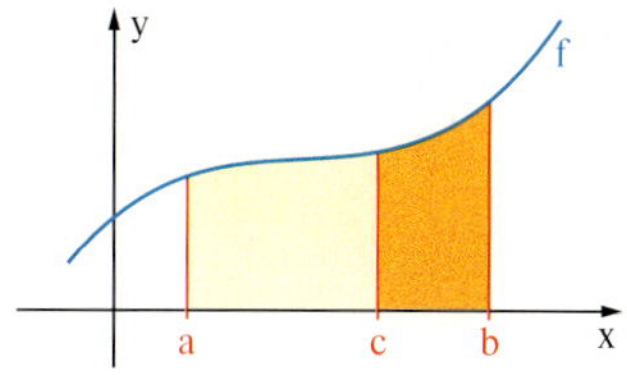

(2) **Linearität**

$\int_a^b (f+g)(x)\,dx = \int_a^b f(x)\,dx + \int_a^b g(x)\,dx$

$\int_a^b k \cdot f(x)\,dx = k \cdot \int_a^b f(x)\,dx$

(3) **Abschätzungen**

$f(x) \leqq g(x)$ auf $[a; b] \Rightarrow \int_a^b f(x)\,dx \leqq \int_a^b g(x)\,dx$

$m \leqq f(x) \leqq M$ auf $[a; b] \Rightarrow m \cdot (b - a) \leqq \int_a^b f(x)\,dx \leqq M \cdot (b - a)$

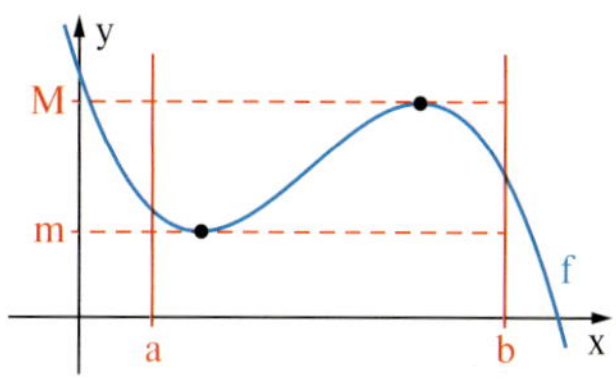

(4) **Mittelwertsatz der Integralrechnung**

f stetig auf $[a; b] \Rightarrow$ Es existiert ein $x_0 \in\,]a; b[$

mit $f(x_0) \cdot (b - a) = \int_a^b f(x)\,dx$

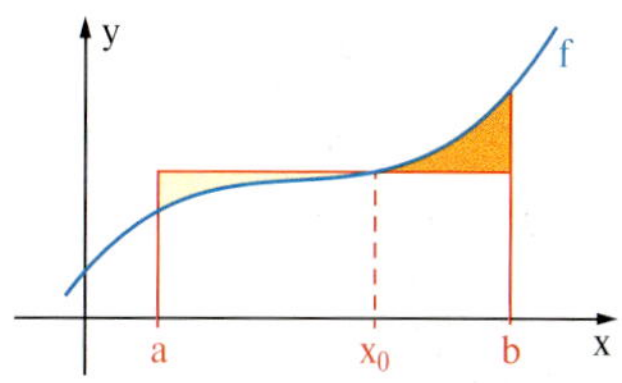

Flächenbestimmungen

(1) Fläche zwischen Graph und x-Achse (Nullstellen beachten)

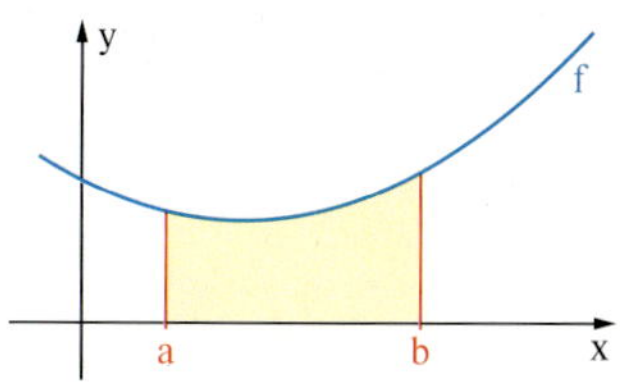

$A = \int_a^b f(x)\,dx$

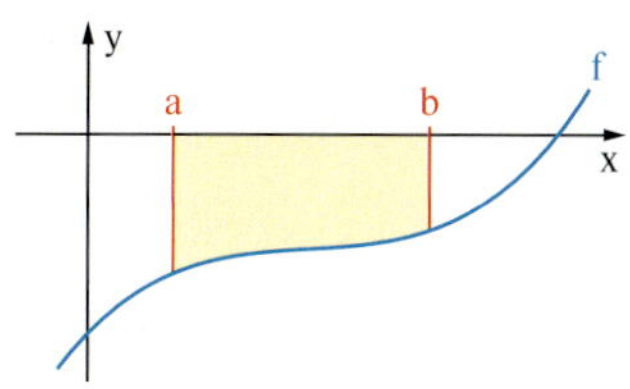

$A = \left| \int_a^b f(x)\,dx \right|$

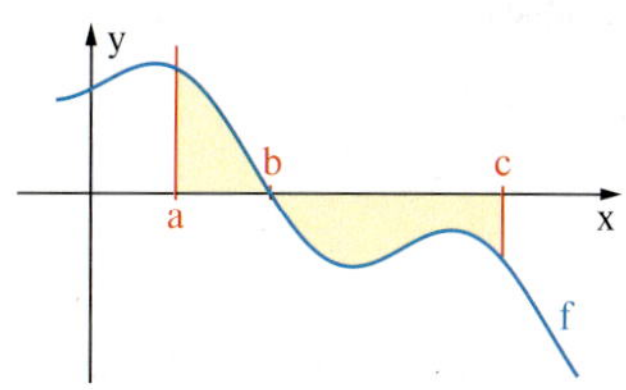

$A = \int_a^b f(x)\,dx + \left| \int_b^c f(x)\,dx \right|$

(2) Fläche zwischen zwei Graphen (Schnittstellen beachten, Nullstellen unwichtig)

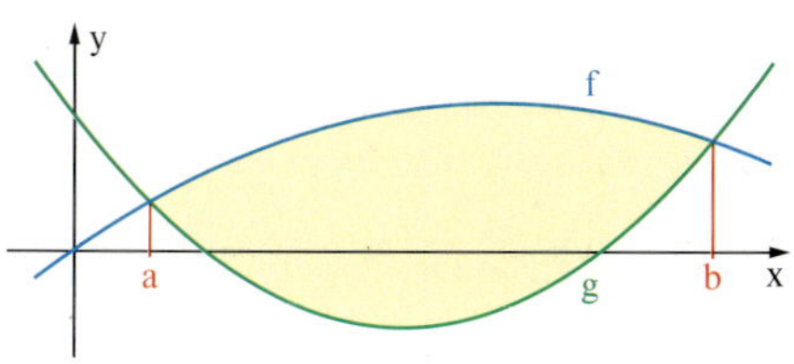

$A = \int_a^b (f(x) - g(x))\,dx$

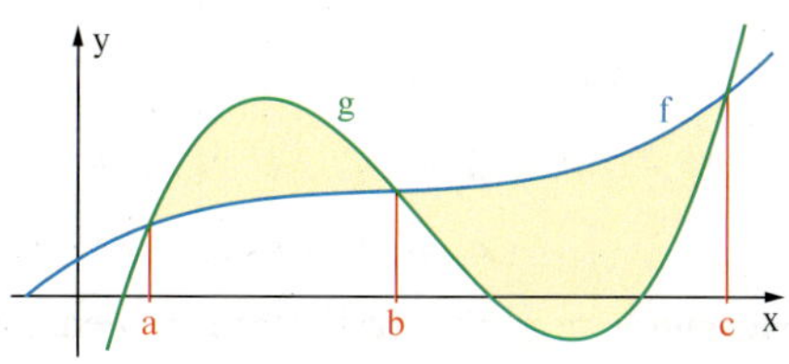

$A = \int_a^b (g(x) - f(x))\,dx + \left| \int_b^c (g(x) - f(x))\,dx \right|$

Integrationsverfahren

(1) **Partielle Integration** (Umkehrung der Produktregel)

$$\int_a^b f'(x) \cdot g(x)\,dx = [f(x) \cdot g(x)]_a^b - \int_a^b f(x) \cdot g'(x)\,dx$$

Sonderfall $f'(x) = 1$: $\int_a^b 1 \cdot g(x)\,dx = [x \cdot g(x)]_a^b - \int_a^b x \cdot g'(x)\,dx$

Rekursionsformeln für $n \in \mathbb{N}$:

$\int x^n e^x\,dx = x^n e^x - n \int x^{n-1} e^x\,dx$

$\int x^n e^{-x}\,dx = -x^n e^{-x} + n \int x^{n-1} e^{-x}\,dx$

Folgerung: $\int_{-\infty}^{0} x^n \cdot e^x\,dx = -n!$

$\int_0^{\infty} x^n \cdot e^{-x}\,dx = n!$

$\int (\ln x)^n\,dx = x \cdot (\ln x)^n - n \int (\ln x)^{n-1}\,dx$

$\int x^n \sin x\,dx = -x^n \cos x + n \int x^{n-1} \cos x\,dx$

$\int x^n \cos x\,dx = x^n \sin x - n \int x^{n-1} \sin x\,dx$

$\int \sin^n x\,dx = -\frac{1}{n} \cos x \sin^{n-1} x + \frac{n-1}{n} \int \sin^{n-2} x\,dx$

$\int \cos^n x\,dx = \frac{1}{n} \sin x \cos^{n-1} x + \frac{n-1}{n} \int \cos^{n-2} x\,dx$

Folgerung: $\int_0^{\frac{\pi}{2}} \sin^{2n} x\,dx = \frac{2n-1}{2n} \cdot \frac{2n-3}{2n-2} \cdot \ldots \cdot \frac{3}{4} \cdot \frac{1}{2} \cdot \frac{\pi}{2}$

$\int_0^{\frac{\pi}{2}} \sin^{2n+1} x\,dx = \frac{2n}{2n+1} \cdot \frac{2n-2}{2n-1} \cdot \ldots \cdot \frac{4}{5} \cdot \frac{2}{3} \cdot 1$

WALLIS'sches Produkt: $\lim\limits_{k \to \infty} \left(\frac{2^2 \cdot 4^2 \cdot 6^2 \cdot \ldots \cdot (2k)^2}{1^2 \cdot 3^2 \cdot 5^2 \cdot \ldots \cdot (2k-1)^2 \cdot (2k+1)} \right) = \frac{\pi}{2}$

(2) **Substitution** (Umkehrung der Kettenregel)

$$\int_a^b (f \circ g)(x) \cdot g'(x)\,dx = \int_{g(a)}^{g(b)} f(z)\,dz$$

Sonderfall $g(x) = mx + n$ (lineare Substitution): $\int_a^b f(mx+n)\,dx = \frac{1}{m} \int_{ma+n}^{mb+n} f(x)\,dx$

Sonderfall $f(x) = x$: $\int_a^b g(x) \cdot g'(x)\,dx = \left[\frac{1}{2} x^2\right]_{g(a)}^{g(b)} = \frac{1}{2} [g^2(x)]_a^b$

Sonderfall $f(x) = x^n$: $\int_a^b g^n(x) \cdot g'(x)\,dx = \frac{1}{n+1} \left[x^{n+1}\right]_{g(a)}^{g(b)} = \frac{1}{n+1} [(g(x))^{n+1}]_a^b$

Sonderfall $f(x) = \frac{1}{x}$: $\int_a^b \frac{g'(x)}{g(x)}\,dx = [\ln x]_{g(a)}^{g(b)} = [\ln |g(x)|]_a^b$

(3) **Partialbruchzerlegung** bei gebrochen-rationalen Funktionen
Idee: Zerlegung des Nenners in lineare und nicht-zerlegbare quadratische Faktoren.
Spezielle Typen:

Typ 1: $\frac{cx + d}{(x-a)(x-b)} = \frac{A}{x-a} + \frac{B}{x-b}$

Typ 3: $\frac{cx^2 + dx + e}{(x-a)(x^2+b^2)} = \frac{A}{x-a} + \frac{Bx + C}{x^2 + b^2}$

Typ 2: $\frac{cx^2 + dx + e}{(x-a)(x-b)^2} = \frac{A}{x-a} + \frac{B}{x-b} + \frac{C}{(x-b)^2}$

Die Koeffizienten A, B, C werden durch einen Koeffizientenvergleich ermittelt.

Bogenlänge von Kurven

Die Länge l eines Kurvenstücks des Graphen einer differenzierbaren Funktion f zwischen zwei Punkten $P_1(a\,|\,f(a))$ und $P_2(b\,|\,f(b))$ lässt sich mithilfe des Integrals $l = \int_a^b \sqrt{1 + (f'(x))^2}\,dx$ berechnen.

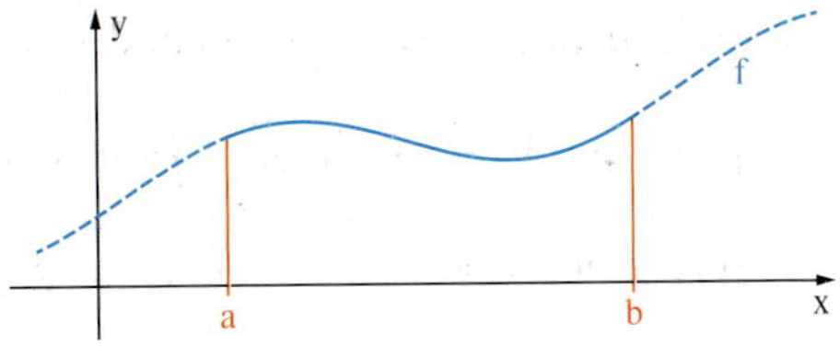

Volumen und Mantel von Rotationskörpern

Drehung um die x-Achse

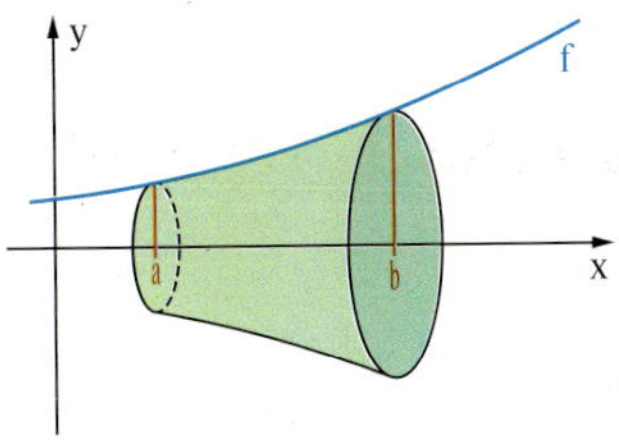

Volumen: $V = \pi \int_a^b f^2(x)\,dx$

Mantel: $M = 2\pi \int_a^b f(x)\sqrt{1 + (f'(x))^2}\,dx$

Drehung um die y-Achse

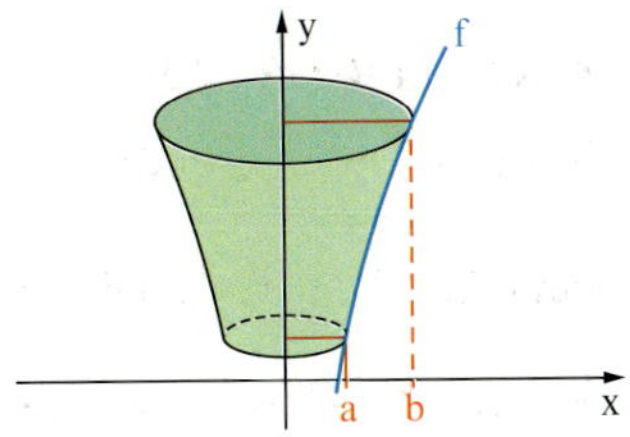

Volumen: $V = \pi \int_{f(a)}^{f(b)} \bar{f}^2(x)\,dx$

Mantel: $M = 2\pi \int_{f(a)}^{f(b)} \bar{f}(x)\sqrt{1 + (\bar{f}'(x))^2}\,dx$

Numerische Integration

Trapezsummenregel

Zerlegung von [a; b] in n gleichlange Teilintervalle.
Ersetzen des Graphen von f durch einen Streckenzug liefert:

$$\int_a^b f(x)\,dx \approx \frac{b-a}{2n} \cdot (f(a) + 2f(x_1) + 2f(x_2) + \ldots + 2f(x_{n-1}) + f(b)) = T_n$$

Fehlerabschätzung: $\int_a^b f(x)\,dx - T_n = \frac{f''(\vartheta) \cdot (b-a)^3}{12n^2}$ mit $\vartheta \in [a; b]$

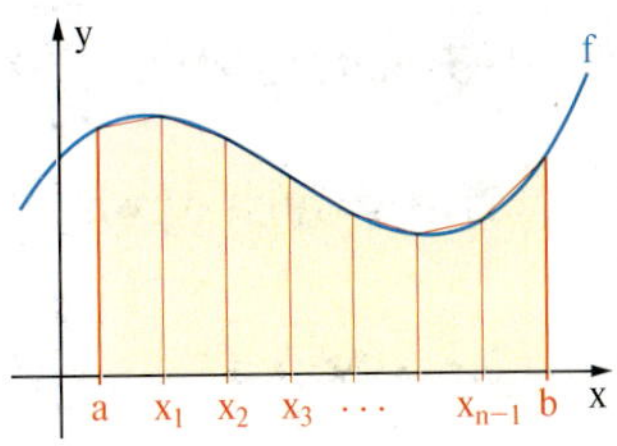

SIMPSON'sche Regel

Zerlegung von [a; b] in eine *gerade* Anzahl n gleichlanger Teilintervalle.
Ersetzen des Graphen von f durch Parabelstücke liefert:

$$\int_a^b f(x)\,dx = \frac{b-a}{3n} \cdot (f(a) + 4f(x_1) + 2f(x_2) + 4f(x_3) + 2f(x_4) + \ldots + 4f(x_{n-1}) + f(b)) = S_n$$

Fehlerabschätzung: $\int_a^b f(x)\,dx - S_n = \frac{f^{(4)}(\vartheta) \cdot (b-a)^5}{180n^4}$ mit $\vartheta \in [a; b]$

KEPLER'sche Fassregel

Sonderfall der SIMPSON'schen Regel
(2 Teilintervalle, Graph durch Parabel ersetzt):

$$\int_a^b f(x)\,dx = \frac{b-a}{6}\left(f(a) + 4f\left(\frac{a+b}{2}\right) + f(b)\right)$$

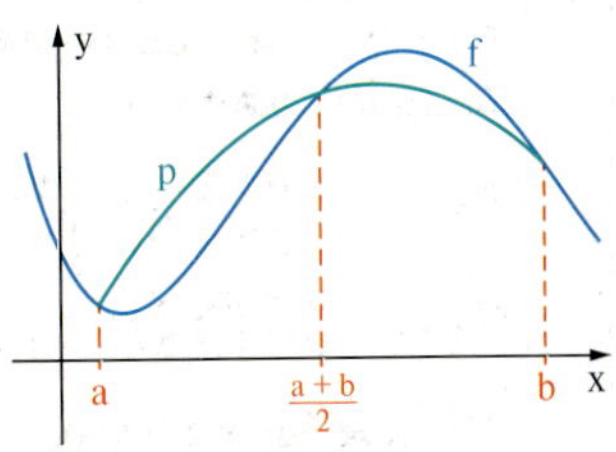

Vektoren im Anschauungsraum

Vektorbegriff

Vektor: Menge aller parallelen Verschiebungspfeile mit gleicher Länge und gleichem Richtungssinn. Ein Vektor ist unabhängig von seinem Ort.

Repräsentant: Einzelner Pfeil aus solch einer Menge.

Nullvektor $\vec{o}$: Vektor, der jeden Punkt auf sich selbst abbildet.

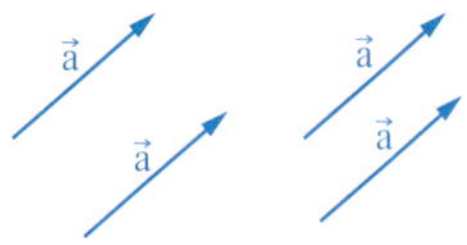

Vektoren im Koordinatensystem

$\vec{a} = \begin{pmatrix} a_1 \\ a_2 \\ a_3 \end{pmatrix}$ und $\vec{b} = \begin{pmatrix} b_1 \\ b_2 \\ b_3 \end{pmatrix}$ sind die **Ortsvektoren** der Punkte $A(a_1|a_2|a_3)$ und $B(b_1|b_2|b_3)$.

a_1, a_2 und a_3 heißen **Komponenten** des Vektors $\vec{a}$.

Verbindungsvektor von A nach B: $\overrightarrow{AB} = \begin{pmatrix} b_1 - a_1 \\ b_2 - a_2 \\ b_3 - a_3 \end{pmatrix}$

Länge (Betrag) von Vektoren
Der Betrag eines Vektors $\vec{a}$ ist eine reelle Zahl. Sie gibt seine Länge an.
$|\vec{a}| = \sqrt{a_1^2 + a_2^2 + a_3^2}$

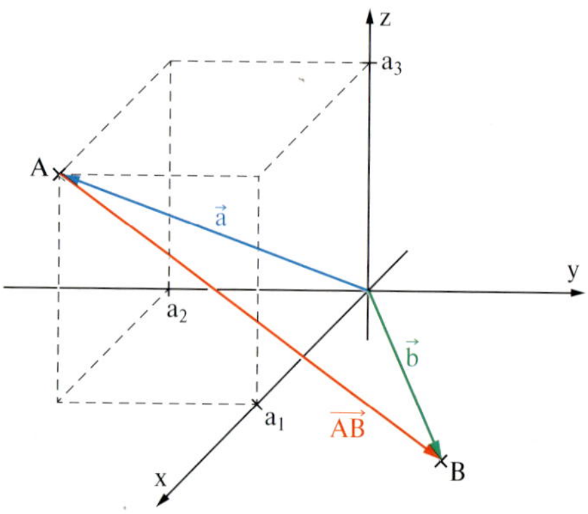

Ein Vektor der Länge 1 heißt **Einheitsvektor.** Berechnung des Einheitsvektors $\vec{a_0}$ zu einem Vektor $\vec{a}$ mit gleicher Richtung wie $\vec{a}$: $\vec{a_0} = \frac{1}{|\vec{a}|} \cdot \vec{a}$.

Der **Abstand zweier Punkte** A und B berechnet sich durch den Betrag des Vektors von A nach B.

Linearkombination von Vektoren

Der Vektor $\vec{c}$ ist dargestellt als **Linearkombination** der Vektoren $\vec{a}$ und $\vec{b}$.

(1) Zwei Vektoren $\vec{a}$ und $\vec{b}$ heißen **kollinear** oder **linear abhängig voneinander,** wenn ein $r \in \mathbb{R}$ existiert mit $\vec{a} = r \cdot \vec{b}$.

(2) Drei Vektoren $\vec{a}$, $\vec{b}$ und $\vec{c}$ heißen **komplanar** oder **linear abhängig voneinander,** wenn mindestens zwei von ihnen kollinear sind oder wenn es Zahlen $r_1, r_2 \in \mathbb{R}$ gibt mit $\vec{c} = r_1 \cdot \vec{a} + r_2 \cdot \vec{b}$.

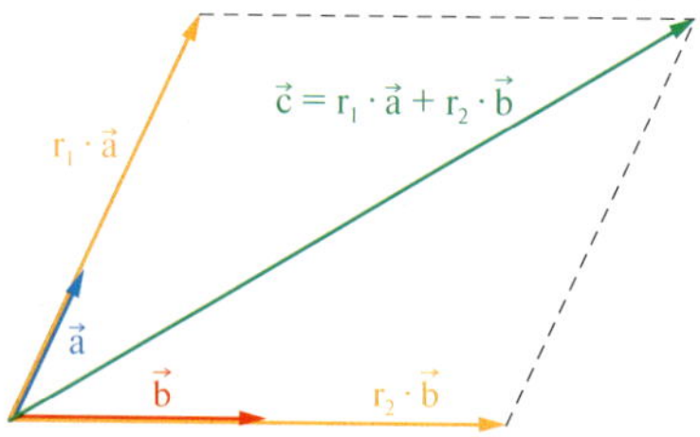

Drei (zwei) Vektoren heißen **linear unabhängig voneinander,** wenn sie nicht linear abhängig sind.
Drei (zwei) linear unabhängige Vektoren im Raum (in der Ebene) heißen **Basisvektoren** des Raums (der Ebene).
Drei Vektoren heißen linear unabhängig voneinander, wenn sie nicht komplanar sind. Keiner der drei Vektoren lässt sich dann als Linearkombination der beiden anderen schreiben.

Operationen mit Vektoren

Addition und Subtraktion von Vektoren

Man addiert Vektoren, indem man ihre Komponenten addiert:

$$\vec{a} \pm \vec{b} = \begin{pmatrix} a_1 \\ a_2 \\ a_3 \end{pmatrix} \pm \begin{pmatrix} b_1 \\ b_2 \\ b_3 \end{pmatrix} = \begin{pmatrix} a_1 \pm b_1 \\ a_2 \pm b_2 \\ a_3 \pm b_3 \end{pmatrix}$$

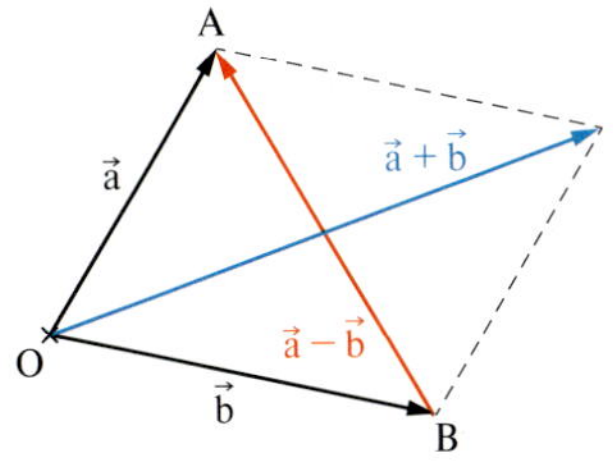

Gesetze:

(1) $\vec{a} + \vec{b} = \vec{b} + \vec{a}$ (2) $\vec{a} + (\vec{b} + \vec{c}) = (\vec{a} + \vec{b}) + \vec{c}$

(3) $\vec{a} + \vec{o} = \vec{a}$ (4) $\vec{a} - \vec{b} = \vec{a} + (-\vec{b})$

Man kann Vektoren durch **Vektorketten** ersetzen (Dreiecksregel):
$\overrightarrow{AC} = \overrightarrow{AB} + \overrightarrow{BC}$.

S-Multiplikation, Parallelität

Ein Vektor wird mit einer reellen Zahl r **(Skalar)** multipliziert, indem man jede seiner Komponenten mit r multipliziert:

$$r \cdot \vec{a} = r \cdot \begin{pmatrix} a_1 \\ a_2 \\ a_3 \end{pmatrix} = \begin{pmatrix} r \cdot a_1 \\ r \cdot a_2 \\ r \cdot a_3 \end{pmatrix} \quad (r \in \mathbb{R}).$$

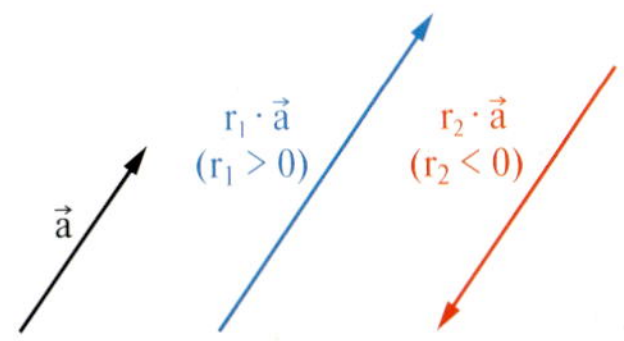

$-\vec{a} = (-1) \cdot \vec{a}$ heißt **Gegenvektor** zu $\vec{a}$.

Zwei Vektoren $\vec{a}$ und $\vec{b}$ sind genau dann parallel ($\vec{a} \parallel \vec{b}$), wenn $\vec{a}$ und $\vec{b}$ kollinear sind (siehe S. 50), d. h. $\vec{a} = r \cdot \vec{b}$ $(r \in \mathbb{R})$.

Gesetze:

(1) $r_1 \cdot (r_2 \cdot \vec{a}) = (r_1 \cdot r_2) \cdot \vec{a}$ (2) $-r \cdot \vec{a} = r \cdot (-\vec{a})$

(3) $(r_1 + r_2) \cdot \vec{a} = r_1 \cdot \vec{a} + r_2 \cdot \vec{a}$ (4) $r \cdot (\vec{a} + \vec{b}) = r \cdot \vec{a} + r \cdot \vec{b}$

Skalarprodukt, Orthogonalität

Das **Skalarprodukt** ist definiert als Summe von Produkten der einzelnen Komponenten der Vektoren. Das Ergebnis des Skalarprodukts ist immer eine reelle Zahl.

Das Skalarprodukt der Vektoren $\vec{a} = \begin{pmatrix} a_1 \\ a_2 \\ a_3 \end{pmatrix}$ und $\vec{b} = \begin{pmatrix} b_1 \\ b_2 \\ b_3 \end{pmatrix}$ lautet: $\vec{a} * \vec{b} = a_1b_1 + a_2b_2 + a_3b_3$.

Für den von $\vec{a}$ und $\vec{b}$ eingeschlossenen **Winkel** γ gilt:
$\vec{a} * \vec{b} = |\vec{a}| \cdot |\vec{b}| \cdot \cos\gamma$.

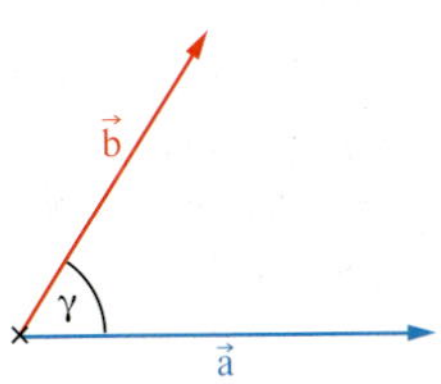

$\vec{a}$ und $\vec{b}$ heißen **orthogonal zueinander** ($\vec{a} \perp \vec{b}$) genau dann, wenn $\vec{a} * \vec{b} = 0$ (wobei $\vec{a}, \vec{b} \neq \vec{o}$).

Sind $\vec{a}$ und $\vec{b}$ gleichgerichtet, dann gilt $\vec{a} * \vec{b} = |\vec{a}| \cdot |\vec{b}|$.
(insbesondere gilt $\vec{a} * \vec{a} = |\vec{a}|^2$), sind sie entgegengesetzt gerichtet, dann gilt $\vec{a} * \vec{b} = -|\vec{a}| \cdot |\vec{b}|$.

Gesetze:

(1) $\vec{a} * \vec{b} = \vec{b} * \vec{a}$ (2) $\vec{a} * (\vec{b} + \vec{c}) = \vec{a} * \vec{b} + \vec{a} * \vec{c}$ (3) $r \cdot (\vec{a} * \vec{b}) = (r \cdot \vec{a}) * \vec{b}$ $(r \in \mathbb{R})$

Winkel zwischen Vektoren, orthogonale Projektion

Der **Winkel** γ zwischen zwei Vektoren $\vec{a}$ und $\vec{b}$ berechnet sich durch

$$\cos\gamma = \frac{\vec{a} * \vec{b}}{|\vec{a}| \cdot |\vec{b}|} \quad (\gamma \leqq 180°).$$

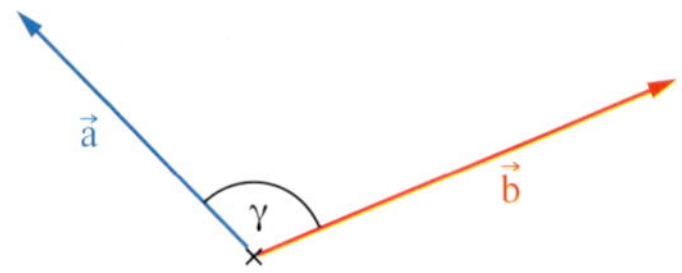

Um von einem Punkt B (Ortsvektor $\vec{b}$) ein Lot auf die Trägergerade eines Vektors $\vec{a}$ zu fällen, nutzt man die **orthogonale Projektion:**

$$\vec{b_a} = \frac{\vec{a} * \vec{b}}{\vec{a} * \vec{a}} \cdot \vec{a}.$$

Es gilt: $\vec{a} * \vec{b} = \vec{a} * \vec{b_a}$ und somit $\overrightarrow{BB_A} \perp \vec{a}$.

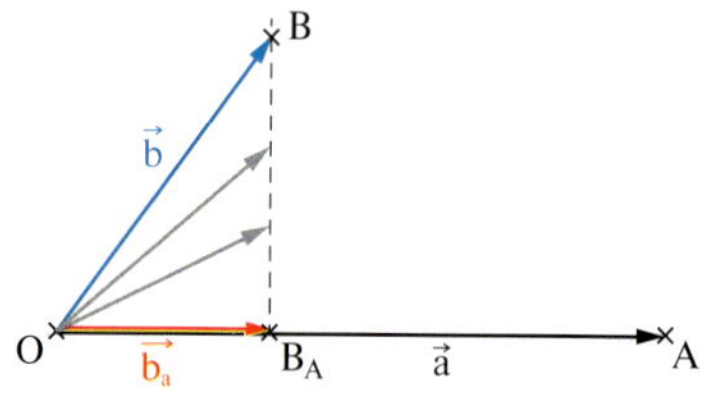

Vektorprodukt

Das **Vektorprodukt** zweier Vektoren $\vec{a}$ und $\vec{b}$ ist ein Vektor $\vec{c}$.

$$\vec{c} = \vec{a} \times \vec{b} = \begin{pmatrix} a_1 \\ a_2 \\ a_3 \end{pmatrix} \times \begin{pmatrix} b_1 \\ b_2 \\ b_3 \end{pmatrix} = \begin{pmatrix} a_2b_3 - a_3b_2 \\ a_3b_1 - a_1b_3 \\ a_1b_2 - a_2b_1 \end{pmatrix}$$

Für $\vec{c}$ gilt:

(1) $\vec{c} \perp \vec{a}$ und $\vec{c} \perp \vec{b}$

(2) $\vec{a}, \vec{b}$ und $\vec{c}$ bilden in dieser Reihenfolge ein Rechtssystem.

(3) $|\vec{c}| = |\vec{a}| \cdot |\vec{b}| \cdot \sin\gamma$

(4) $|\vec{c}|$ gibt den **Flächeninhalt** des von $\vec{a}$ und $\vec{b}$ aufgespannten **Parallelogramms** an.

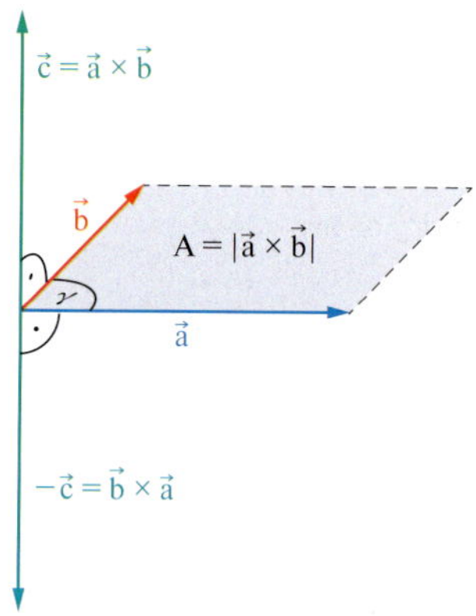

Sätze:

(1) Gilt $\vec{a} \perp \vec{b}$, dann folgt $|\vec{a} \times \vec{b}| = |\vec{a}| \cdot |\vec{b}|$.

(2) Für $\vec{a}, \vec{b} \neq \vec{o}$ gilt $\vec{a} \parallel \vec{b}$ genau dann, wenn $\vec{a} \times \vec{b} = \vec{o}$.

(3) Entwicklungssatz: $(\vec{a} \times \vec{b}) \times \vec{c} = (\vec{a} * \vec{c}) \cdot \vec{b} - (\vec{b} * \vec{c}) \cdot \vec{a}$.

Gesetze:

(1) $\vec{a} \times \vec{b} = -\vec{b} \times \vec{a}$

(2) $\vec{a} \times (\vec{b} + \vec{c}) = \vec{a} \times \vec{b} + \vec{a} \times \vec{c}$

(3) $r \cdot (\vec{a} \times \vec{b}) = (r \cdot \vec{a}) \times \vec{b} \quad (r \in \mathbb{R})$

Spatprodukt, Volumen eines Spats

Das **Spatprodukt** $(\vec{a}, \vec{b}, \vec{c})$ dreier linear unabhängiger Vektoren $\vec{a}, \vec{b}$ und $\vec{c}$ ist eine reelle Zahl. Sie gibt das Volumen des von $\vec{a}, \vec{b}$ und $\vec{c}$ aufgespannten Spats an.

$$(\vec{a}, \vec{b}, \vec{c}) = (\vec{a} \times \vec{b}) * \vec{c} = (\vec{b} \times \vec{c}) * \vec{a} = (\vec{c} \times \vec{a}) * \vec{b}$$
$$= -(\vec{b} \times \vec{a}) * \vec{c} = -(\vec{c} \times \vec{b}) * \vec{a} = -(\vec{a} \times \vec{c}) * \vec{b}$$

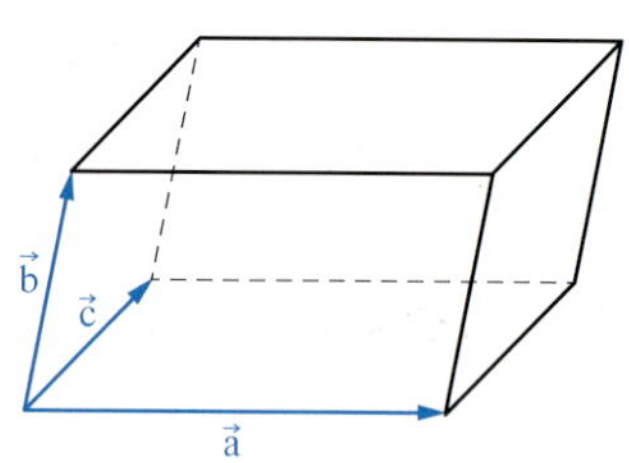

Darstellung von Geraden und Ebenen

Parameterdarstellung einer Geraden

Die **Parameterform** stellt eine Gerade g durch die Angabe eines **Stützvektors** $\vec{a}$ und eines **Richtungsvektors** $\vec{u}$ ($\vec{u} \neq \vec{o}$) dar: **g:** $\vec{\mathbf{x}} = \vec{\mathbf{a}} + \mathbf{r}\,\vec{\mathbf{u}}$ $(r \in \mathbb{R})$.

Zu jedem Punkt $P \in g$ existiert ein $r \in \mathbb{R}$, sodass $\vec{x}$ Ortsvektor von P wird.

Punkt-Richtungs-Form:

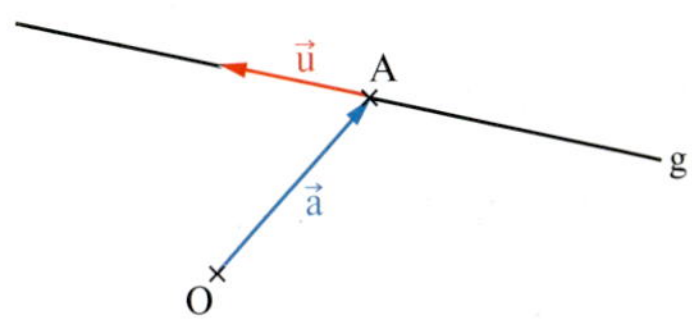

Punkt-Richtungs-Form: Durch die Angabe eines Punktes A (Stützvektor $\vec{a}$) sowie eines Richtungsvektors $\vec{u}$ ist g eindeutig bestimmt.

Zwei-Punkte-Form: Bei Angabe von zwei Punkten A und B einer Geraden g ist $\vec{u} = \overrightarrow{AB} = \vec{b} - \vec{a}$ ein Richtungsvektor der Geraden g.

Zwei-Punkte-Form:

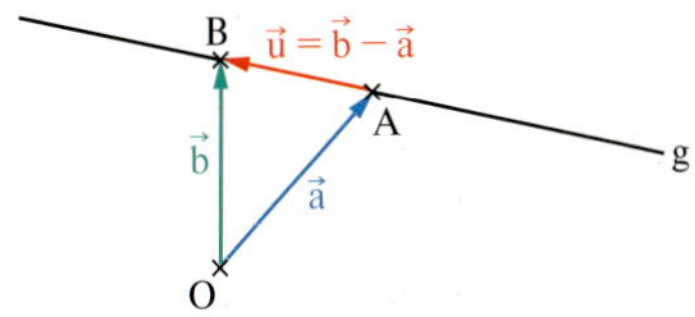

Parameterdarstellung einer Ebene

Die **Parameterform** stellt eine Ebene E durch die Angabe eines **Stützvektors** $\vec{a}$ und zweier linear unabhängiger **Richtungsvektoren** $\vec{u}$ und $\vec{v}$, welche die Ebene aufspannen, dar ($\vec{u}, \vec{v} \neq \vec{o}$):
E: $\vec{\mathbf{x}} = \vec{\mathbf{a}} + \mathbf{r}\,\vec{\mathbf{u}} + \mathbf{s}\,\vec{\mathbf{v}}$ $(r, s \in \mathbb{R})$.

Zu jedem Punkt $P \in E$ existieren $r, s \in \mathbb{R}$, sodass $\vec{x}$ Ortsvektor von P wird.

Punkt-Zwei-Richtungs-Form:

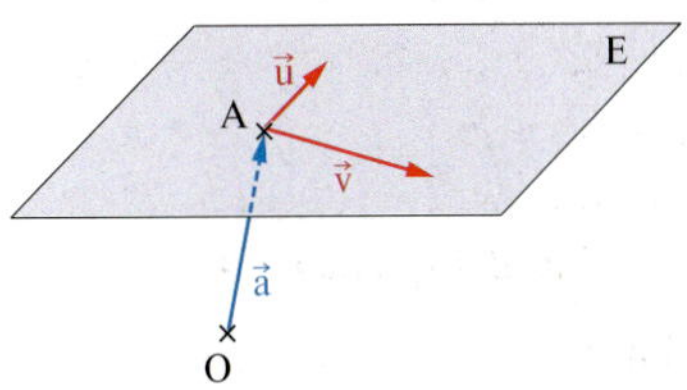

Punkt-Zwei-Richtungs-Form: Durch die Angabe eines Punktes A (Stützvektor $\vec{a}$) sowie zweier linear unabhängiger Richtungsvektoren $\vec{u}$ und $\vec{v}$ ist E eindeutig bestimmt.

Drei-Punkte-Form: Bei Angabe von drei Punkten A, B und C, die nicht auf ein und derselben Geraden liegen, sind $\vec{u} = \overrightarrow{AB} = \vec{b} - \vec{a}$ und $\vec{v} = \overrightarrow{AC} = \vec{c} - \vec{a}$ Richtungsvektoren der Ebene E.

Drei-Punkte-Form:

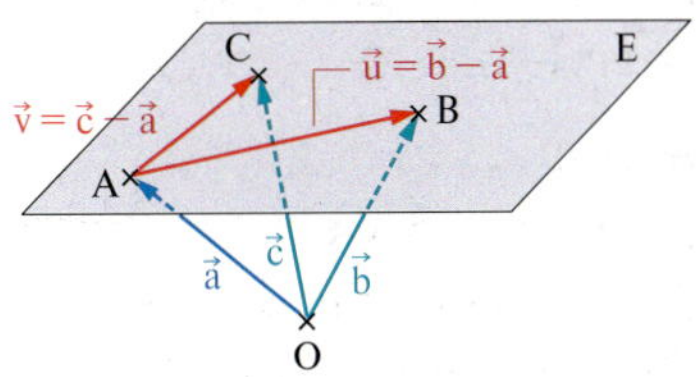

Normalenvektor

$\vec{n}$ heißt **Normalenvektor** *einer Ebene E*, wenn $\vec{n}$ senkrecht (orthogonal) zu jedem Richtungsvektor der Ebene E ist.

Berechnung von $\vec{n}$ mithilfe zweier linear unabhängiger Richtungsvektoren $\vec{u}$ und $\vec{v}$:

durch Lösen des Gleichungssystems $\left| \begin{array}{l} \vec{n} * \vec{u} = 0 \\ \vec{n} * \vec{v} = 0 \end{array} \right|$

oder

mit Vektorprodukt: $\vec{n} = \vec{u} \times \vec{v}$.

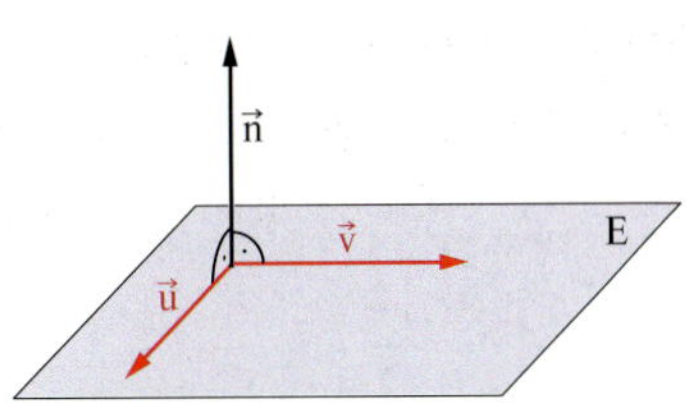

Koordinatendarstellung einer Ebene

Die Lösungsmenge einer Gleichung der Form $ax_1 + bx_2 + cx_3 = d$ hat als Graph eine Ebene E.
E: $ax_1 + bx_2 + cx_3 = d$ heißt **Koordinatengleichung** der Ebene E.

Achsenabschnittsform: $\frac{x_1}{\frac{d}{a}} + \frac{x_2}{\frac{d}{b}} + \frac{x_3}{\frac{d}{c}} = 1$, d. h. E schneidet die Koordinatenachsen in

$A_x(\frac{d}{a} \mid 0 \mid 0)$, $A_y(0 \mid \frac{d}{b} \mid 0)$ und $A_z(0 \mid 0 \mid \frac{d}{c})$.

Sonderfälle: Ist a (b, c) gleich null, so liegt die Ebene parallel zur x (y, z)-Achse. Sind zwei der Zahlen gleich null, so liegt E parallel zur entsprechenden Koordinatenebene.

Ebenen: Normalenform, Hesse'sche Normalenform

Die **Normalenform** ist eine besondere Darstellung der Koordinatenform. Sie stellt eine Ebene E durch die Angabe eines Stützvektors $\vec{q}$ und eines Normalenvektors $\vec{n}$ von E dar:
E: $(\vec{x} - \vec{q}) * \vec{n} = 0$.

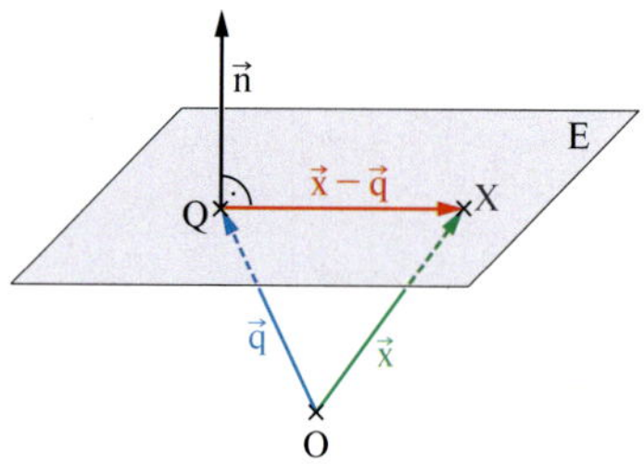

Die Ebene E besteht somit aus allen Punkten X, für die der Vektor $\overrightarrow{QX}$ orthogonal zum Normalenvektor $\vec{n}$ ist.

Ist eine Ebene E durch eine Koordinatengleichung E: $ax_1 + bx_2 + cx_3 = d$ gegeben, ergibt sich ein Normalenvektor $\vec{n} = \begin{pmatrix} a \\ b \\ c \end{pmatrix}$.

Zu jedem Punkt $P \in E$ existiert ein Ortsvektor $\vec{x}$ mit $\vec{n} * \vec{x} = d$, wobei $d = \vec{n} * \vec{q}$.

Die **Hesse'sche Normalenform** nutzt als Normalenvektor den zu $\vec{n}$ gehörenden Einheitsvektor $\vec{n_0}$:
E: $(\vec{x} - \vec{q}) * \vec{n_0} = 0$ mit $\vec{n_0} = \frac{\vec{n}}{|\vec{n}|}$.

Umwandlung der verschiedenen Ebenendarstellungen

Koordinatenform in Parameterform:	Drei Punkte werden bestimmt, die zum Aufstellen der Drei-Punkte-Form genutzt werden.
oder:	Zwei der drei Parameter werden mit r bzw. s ersetzt (z. B. $x_1 = r$; $x_2 = s$) und die Gleichung nach dem dritten Parameter (z. B. x_3) aufgelöst.
Parameterform in Koordinatenform:	Im Linearen Gleichungssystem werden durch Additionsverfahren (Gauss-Algorithmus) r und s eliminiert.
Normalenform in Parameterform:	Man wählt einen Punkt Q von E und bestimmt zwei zu $\vec{n}$ orthogonale, linear unabhängige Vektoren $\vec{u}$ und $\vec{v}$. Dann lässt sich E mithilfe von $\vec{x} = \vec{q} + r\vec{u} + s\vec{v}$ beschreiben.
Parameterform in Normalenform:	Man bestimmt einen zu den Richtungsvektoren $\vec{u}$, $\vec{v}$ orthogonalen Vektor $\vec{n}$ und setzt diesen in die Darstellung $(\vec{x} - \vec{q}) * \vec{n} = 0$ ein.

Lagebeziehungen

Punktprobe bezüglich Geraden oder Ebenen

Gerade: Der Punkt $P(p_1 \mid p_2 \mid p_3)$ liegt genau dann auf der Geraden g: $\vec{x} = \vec{a} + r\vec{u}$, wenn ein $r \in \mathbb{R}$ existiert, sodass das lineare Gleichungssystem $\vec{p} = \vec{a} + r\vec{u}$ erfüllt wird **(Punktprobe)**.

Ebene: Der Punkt $P(p_1 \mid p_2 \mid p_3)$ liegt genau dann in der Ebene E: $\vec{x} = \vec{a} + r\vec{u} + s\vec{v}$, wenn $r, s \in \mathbb{R}$ existieren, sodass das lineare Gleichungssystem $\vec{p} = \vec{a} + r\vec{u} + s\vec{v}$ erfüllt wird **(Punktprobe)**.

Ist die Ebene durch eine Koordinatengleichung E: $ax_1 + bx_2 + cx_3 = d$ gegeben, dann müssen die Koordinaten von P die Koordinatengleichung erfüllen: $ap_1 + bp_2 + cp_3 = d$.

In der Normalenform E: $(\vec{x} - \vec{q}) * \vec{n} = 0$ liegt P in der Ebene E, wenn der Ortsvektor $\vec{p}$ von P die Gleichung $(\vec{p} - \vec{q}) * \vec{n} = 0$ erfüllt.

Gegenseitige Lage von Geraden im Raum

Für die gegenseitige Lage zweier Geraden g: $\vec{x} = \vec{a} + r\vec{u}$ und h: $\vec{x} = \vec{b} + s\vec{v}$ werden vier Fälle unterschieden:

Sind $\vec{u}$ und $\vec{v}$ linear unabhängig?

- ja: Hat das lineare Gleichungssystem $\vec{a} + r\vec{u} = \vec{b} + s\vec{v}$ genau eine Lösung für $r, s \in \mathbb{R}$?
  - ja: g und h haben einen gemeinsamen **Schnittpunkt** S.
  - nein: g und h sind zueinander **windschief**.
- nein: Punktprobe: Liegt ein beliebiger Punkt $P \in g$ auf h?
  - ja: g und h sind **identisch**. $g = h$
  - nein: g und h liegen zueinander **parallel**. $g \parallel h$ und $g \neq h$.

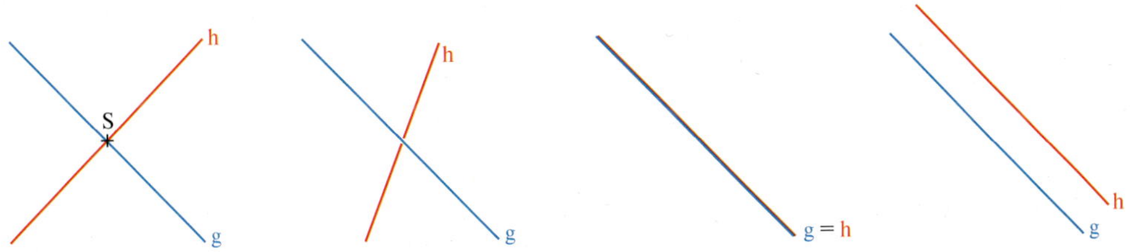

Gegenseitige Lage von Geraden und Ebenen im Raum

Für die gegenseitige Lage einer Gerade g: $\vec{x} = \vec{a} + r\vec{u}$ und einer Ebene E: $\vec{x} = \vec{b} + s\vec{v} + t\vec{w}$ werden drei Fälle unterschieden:

Das lineare Gleichungssystem $\vec{a} + r\vec{u} = \vec{b} + s\vec{v} + t\vec{w}$ hat …

keine Lösung, dann liegen g und E parallel (g ∥ E) ohne gemeinsamen Punkt (d. h. echt parallel).

eine Lösung, dann haben g und E genau einen Punkt P gemeinsam.

unendlich viele Lösungen, dann liegt die Gerade g in der Ebene E (g ⊂ E).

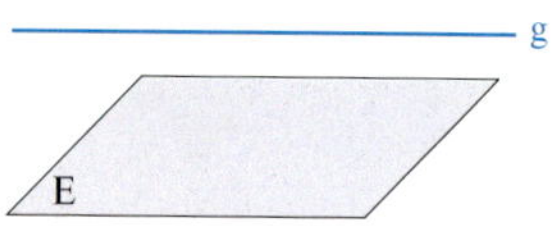

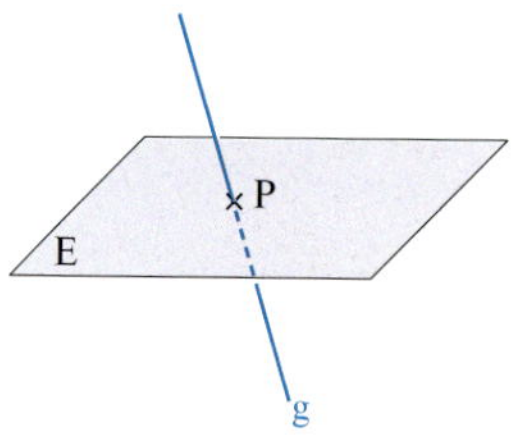

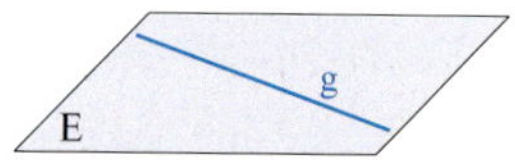

Ist die Ebene E durch eine Koordinatengleichung $ax_1 + bx_2 + cx_3 = d$ gegeben, dann besitzt die Gleichung $a \cdot (a_1 + r \cdot u_1) + b \cdot (a_2 + r \cdot u_2) + c \cdot (a_3 + r \cdot u_3) = d$

- entweder keine Lösung (g echt parallel zu E)
- oder unendlich viele Lösungen (g liegt in E)
- oder genau eine Lösung (Schnittpunkt).

Gegenseitige Lage von Ebenen im Raum

Für die gegenseitige Lage zweier Ebenen E_1 und E_2 werden drei Fälle unterschieden. Für die Berechnung wandelt man die Ebenengleichungen in die Normalenform oder Koordinatenform um.

Somit gilt: E_1: $(\vec{x} - \vec{e_1}) * \vec{n_1} = 0$ oder E_1: $a_1x_1 + b_1x_2 + c_1x_3 = d_1$

und E_2: $(\vec{x} - \vec{e_2}) * \vec{n_2} = 0$ oder E_2: $a_2x_1 + b_2x_2 + c_2x_3 = d_2$.

Sind die Normalenvektoren $\vec{n_1}$ und $\vec{n_2}$ linear unabhängig?

- ja: E_1 und E_2 schneiden sich in einer Geraden g.
- nein: Punktprobe: Liegt ein beliebiger Punkt $P \in E_1$ in der Ebene E_2?
  - ja: $E_1 = E_2$
  - nein: $E_1 \parallel E_2$ und $E_1 \neq E_2$

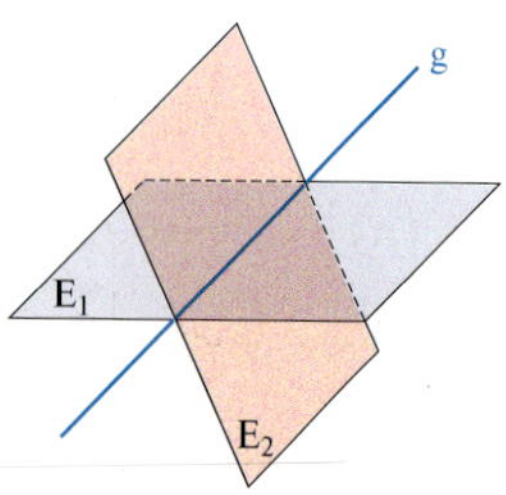

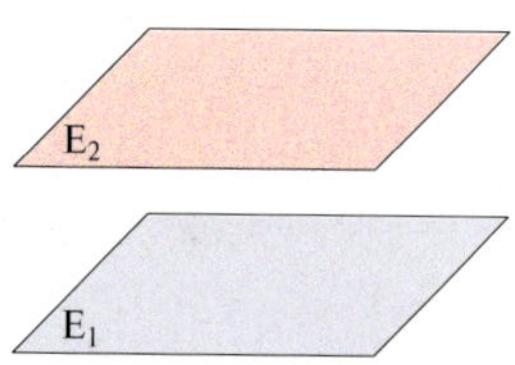

Abstände

Abstand zweier Punkte

Der Abstand d zweier Punkte $A(a_1 \mid a_2 \mid a_3)$ und $B(b_1 \mid b_2 \mid b_3)$ im Raum berechnet sich durch die Länge des Verbindungsvektors von A nach B:

$$d = |\overrightarrow{AB}| = \sqrt{(b_1 - a_1)^2 + (b_2 - a_2)^2 + (b_3 - a_3)^2}$$

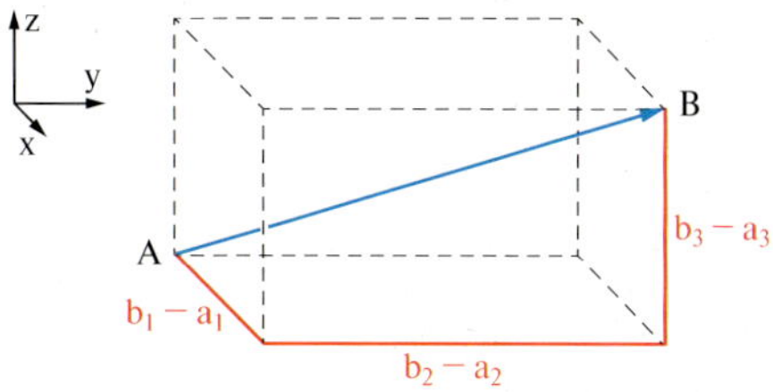

Abstand eines Punktes von einer Geraden

Der Abstand d eines Punktes P von einer Geraden g: $\vec{x} = \vec{a} + r\vec{u}$ wird berechnet, indem man den Punkt $X \in g$ mit minimalem Abstand zu P findet:
Da $\overrightarrow{XP} \perp g$, gilt: $\overrightarrow{XP} * \vec{u} = 0$, d. h. das lineare Gleichungssystem

$$\begin{pmatrix} a_1 + ru_1 - p_1 \\ a_2 + ru_2 - p_2 \\ a_3 + ru_3 - p_3 \end{pmatrix} * \begin{pmatrix} u_1 \\ u_2 \\ u_3 \end{pmatrix} = 0 \text{ ist zu lösen.}$$

Mithilfe von r wird X berechnet und es gilt: $d = |\overrightarrow{XP}|$.

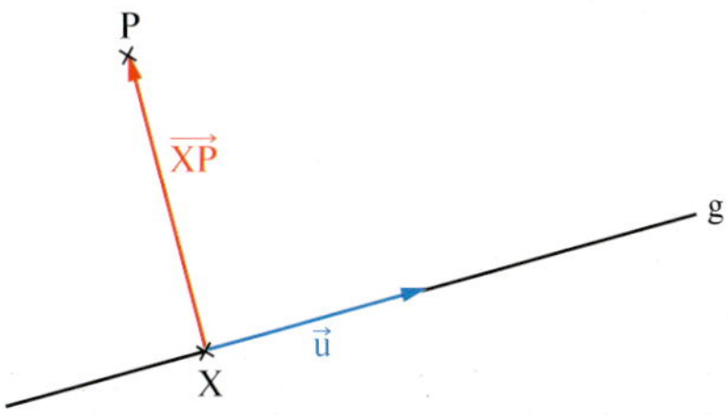

Abstand eines Punktes von einer Ebene

1. Fall: Falls E: $(\vec{x} - \vec{a}) * \vec{n_0} = 0$ HESSE'sche Normalenform der Ebene E ist, berechnet sich der Abstand d von E zu einem beliebigen Punkt P mit Ortsvektor $\vec{p}$ durch $d = |(\vec{p} - \vec{a}) * \vec{n_0}|$.

1.

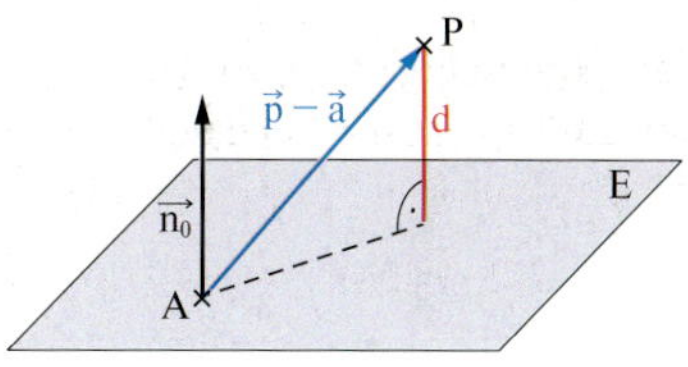

2. Fall: Falls E: $\vec{x} = \vec{a} + r\vec{u} + s\vec{v}$ als Parameterdarstellung gegeben ist, wird die Gleichung einer Lotgerade durch P auf E mit Stützvektor $\vec{p}$ und einem Richtungsvektor, der senkrecht auf $\vec{u}$ und $\vec{v}$ steht, bestimmt. Durch Gleichsetzen der Parameterdarstellungen von E und der Lotgeraden wird der Lotfußpunkt X bestimmt. Der Abstand von P zu E beträgt: $d = |\overrightarrow{XP}|$ **(Lotfußpunktverfahren)**.

2.

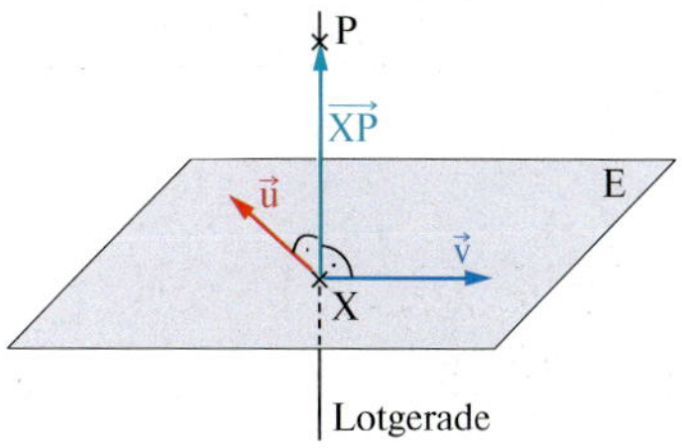

Abstand einer Geraden von einer Geraden

Sind g: $\vec{x} = \vec{a} + r\vec{u}$ und h: $\vec{x} = \vec{b} + s\vec{v}$ zwei windschiefe Geraden sowie $\vec{n_0}$ ein zu beiden Richtungsvektoren $\vec{u}$ und $\vec{v}$ orthogonaler Einheitsvektor. Dann berechnet sich der Abstand d von g und h durch $d = |(\vec{b} - \vec{a}) * \vec{n_0}|$.

Sind g und h parallel, so ist der Abstand gleich dem Abstand eines beliebigen Punktes von g zu h.

Winkel, Kreis, Kugel

Schnittwinkel zweier Geraden

Der Schnittwinkel zweier Geraden ist definiert als der kleinere der beiden Winkel zwischen ihren Richtungsvektoren. Sind $\vec{u}$ und $\vec{v}$ Richtungsvektoren zweier sich schneidender Geraden, dann gilt für den Schnittwinkel γ:

$$\cos(\gamma) = \frac{|\vec{u} * \vec{v}|}{|\vec{u}| \cdot |\vec{v}|}$$

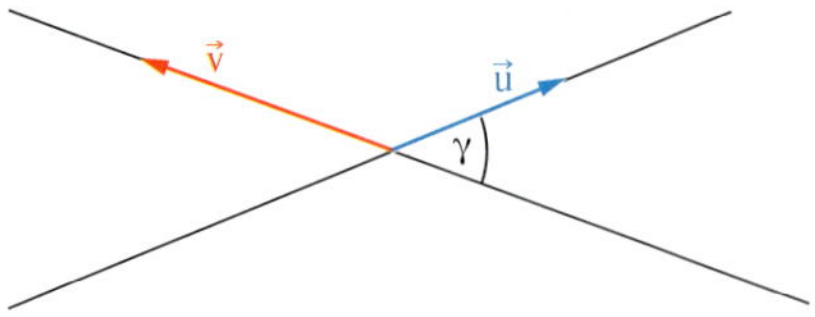

Schnittwinkel einer Gerade mit einer Ebene

Der Schnittwinkel γ einer Gerade mit einer Ebene wird auf den Winkel α zwischen dem Richtungsvektor der Gerade und einem Normalenvektor der Ebene zurückgeführt. Sind $\vec{n}$ ein Normalenvektor einer Ebene und $\vec{u}$ der Richtungsvektor einer Gerade, die die Ebene schneidet, dann gilt für den Schnittwinkel γ:

$$\sin(\gamma) = \frac{|\vec{u} * \vec{n}|}{|\vec{u}| \cdot |\vec{n}|} = \cos(90° - \gamma)$$

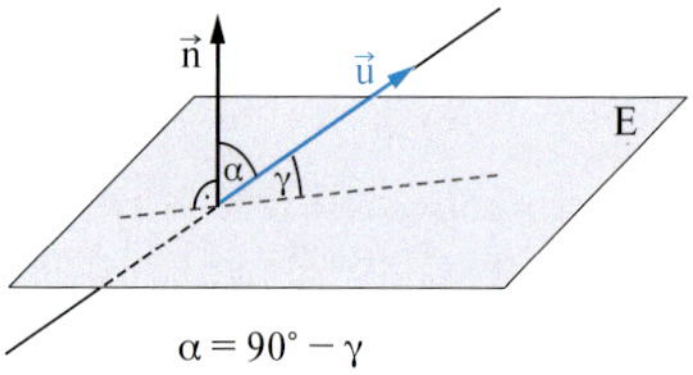

Schnittwinkel zweier Ebenen

Der Schnittwinkel zweier Ebenen ist gleich dem kleineren der beiden Winkel zwischen ihren Normalenvektoren. Sind $\vec{n_1}$ und $\vec{n_2}$ Normalenvektoren zweier sich schneidender Ebenen, dann gilt für den Schnittwinkel γ:

$$\cos(\gamma) = \frac{|\vec{n_1} * \vec{n_2}|}{|\vec{n_1}| \cdot |\vec{n_2}|}$$

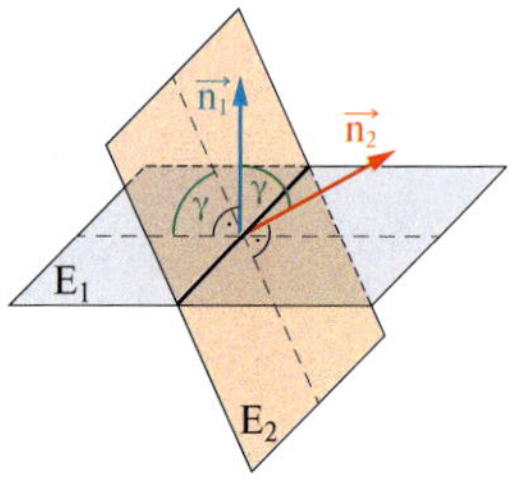

Kreis und Kugel

Eine **Kugel** (ein **Kreis**) K besteht aus allen Punkten X, deren Abstand zum Mittelpunkt M gleich dem Radius r ist. Es gilt folgende Vektorgleichung:

K: $(\vec{x} - \vec{m}) * (\vec{x} - \vec{m}) = r^2$

Für die **Tangentialebene** E_p eines Punktes P der Kugel gilt:
Der Vektor $\overrightarrow{MP}$ ist ein Normalenvektor von E_p. Die Tangentialebene lässt sich daher mithilfe einer Normalengleichung beschreiben:

E_p: $(\vec{x} - \vec{p}) * (\vec{p} - \vec{m}) = 0$

Wegen $(\vec{x} - \vec{m}) * (\vec{x} - \vec{m}) = r^2$ folgt eine weitere Darstellung in vektorieller Form: E_p: $(\vec{x} - \vec{m}) * (\vec{p} - \vec{m}) = r^2$

Beschreibung einer Kugel K und einer Tangentialebene E_p durch eine *Koordinatengleichung:*
K: $(x_1 - m_1)^2 + (x_2 - m_2)^2 + (x_3 - m_3)^2 = r^2$
E_p: $(x_1 - m_1)(p_1 - m_1) + (x_2 - m_2)(p_2 - m_2) + (x_3 - m_3)(p_3 - m_3) = r^2$

Kreis:

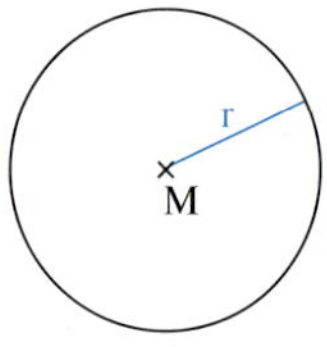

Kugel:

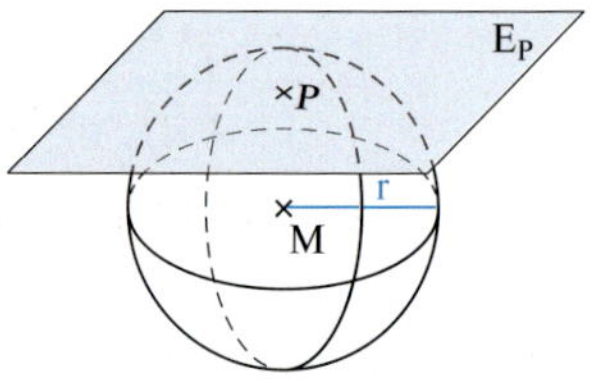

Strecken, Flächen, Volumina

Strecken

Der **Mittelpunkt einer Strecke** $\overline{AB}$ hat den Ortsvektor $\vec{m}$.

$\vec{m} = \frac{1}{2}(\vec{a} + \vec{b})$,

wobei $\vec{a}$ und $\vec{b}$ Ortsvektoren von A und B sind.

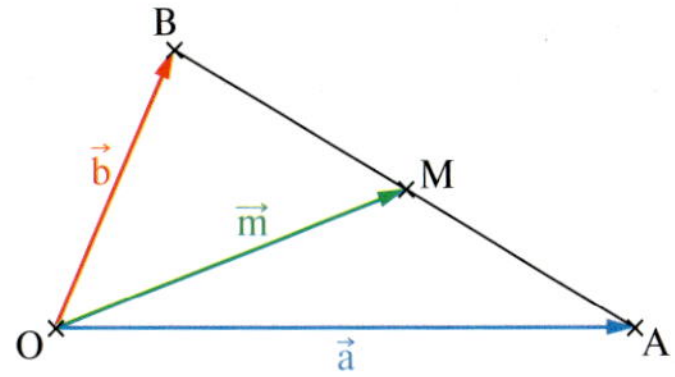

Teilverhältnisse von Strecken

Eine Strecke $\overline{AB}$ wird durch den auf der Strecke liegenden Punkt C im Verhältnis a : b geteilt, wenn gilt:

$|\overrightarrow{AC}| = r \cdot |\overrightarrow{AB}|$ mit $0 \leqq r \leqq 1$ und $r = \frac{a}{a+b}$.

In der abgebildeten geometrischen Figur, die aufgespannt wird durch die Vektoren $\overrightarrow{AB}$ und $\overrightarrow{AD}$, sind Teilverhältnisse der Strecken $\overline{AB}$ bzw. $\overline{AD}$ gegeben durch $|\overrightarrow{AE}| = k_1 \cdot |\overrightarrow{AB}|$ bzw. $|\overrightarrow{AF}| = k_2 \cdot |\overrightarrow{AD}|$. Der Punkt S teilt die Strecken $\overline{AC}$ und $\overline{EF}$.

Die zugehörigen Teilverhältnisse können auf zwei Arten bestimmt werden:

1. aus der Vektorgleichung des geschlossenen Vektorzugs $\overrightarrow{AS} + \overrightarrow{SE} + \overrightarrow{EA} = \vec{o}$.
2. aus der Parameterdarstellung des Schnittpunkts der Geraden durch die Punkte A, C bzw. E, F.

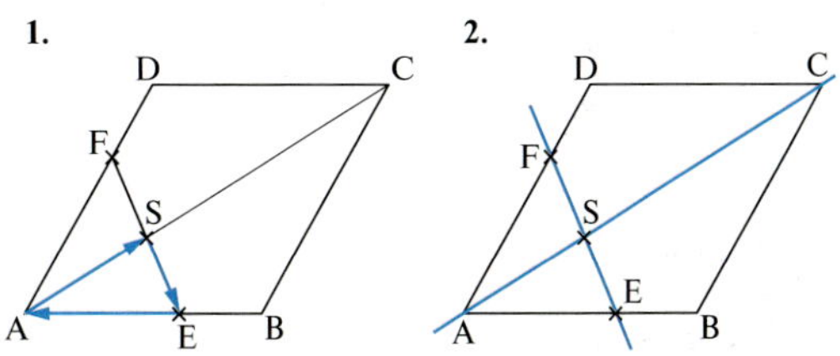

Dreiecke

Der **Schwerpunkt eines Dreiecks** hat den Ortsvektor $\vec{s}$.

$\vec{s} = \frac{1}{3}(\vec{a} + \vec{b} + \vec{c})$,

wobei $\vec{a}$, $\vec{b}$ und $\vec{c}$ Ortsvektoren von A, B und C sind.

Der **Flächeninhalt eines Dreiecks** beträgt

$A = \frac{1}{2}\sqrt{|\overrightarrow{AB}|^2 \cdot |\overrightarrow{AC}|^2 - (\overrightarrow{AB} * \overrightarrow{AC})^2} = \frac{1}{2}|\vec{a} \times \vec{b}|$

mit $\overrightarrow{AB} = \vec{b} - \vec{a}$ und $\overrightarrow{AC} = \vec{c} - \vec{a}$.

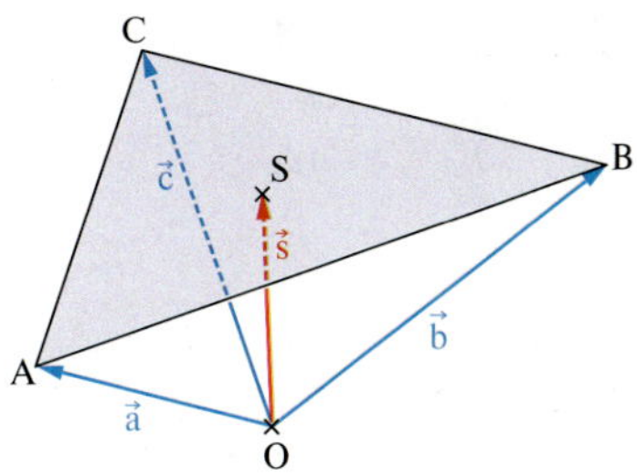

Tetraeder

Aus der allgemeinen Volumenformel für Pyramiden $\left(V_P = \frac{1}{3} \cdot G \cdot h\right)$ ergibt sich das **Volumen eines Tetraeders** (Pyramide mit dreieckiger Grundfläche):

$$V = \frac{1}{6} \cdot \frac{|\vec{n} * \overrightarrow{AD}|}{|\vec{n}|} \cdot \sqrt{|\overrightarrow{AB}|^2 \cdot |\overrightarrow{AC}|^2 - (\overrightarrow{AB} * \overrightarrow{AC})^2}$$

$$= \frac{1}{6} \cdot |(\overrightarrow{AB} \times \overrightarrow{AC}) * \overrightarrow{AD}|,$$

wobei $\vec{n} \perp \overrightarrow{AB}$, $\vec{n} \perp \overrightarrow{AC}$ und $\vec{n} \neq \vec{o}$.

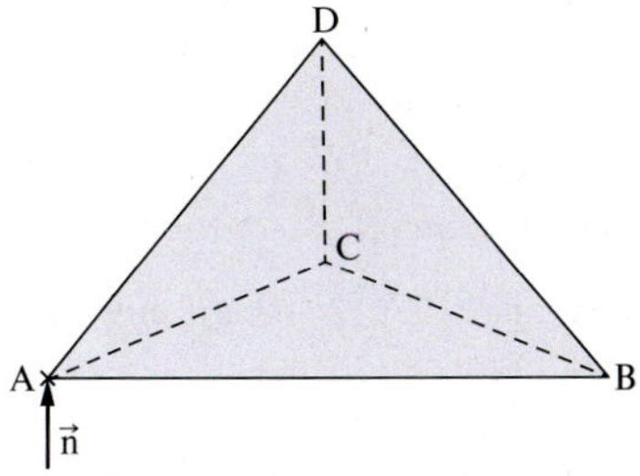

Kegelschnitte

Ellipse

Die **Ellipse** besteht aus allen Punkten, die von den Brennpunkten F_1 und F_2 dieselbe Abstandssumme $r_1 + r_2 = 2a$ haben.

Ellipsengleichung: $\frac{x^2}{a^2} + \frac{y^2}{b^2} = 1$

Tangente im Punkt $P(x_1 \mid y_1)$:

t: $\frac{x_1 x}{a^2} + \frac{y_1 y}{b^2} = 1$

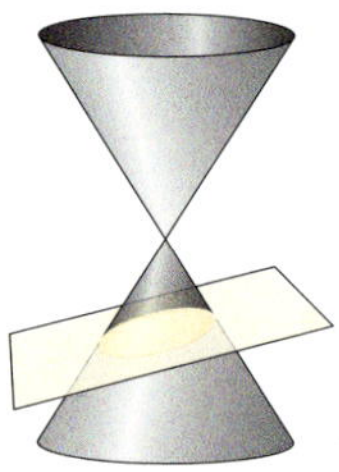

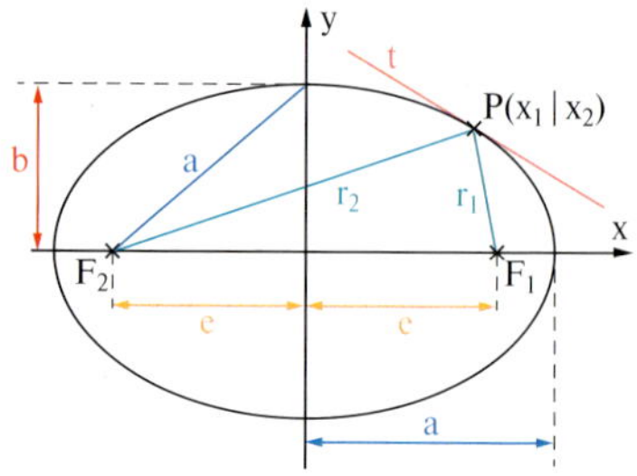

Eine Gerade mit der Gleichung $y = mx + n$ ist Tangente an die Ellipse, wenn gilt: $n^2 = a^2m^2 + b^2$.

Lineare Exzentrizität: $e = \sqrt{a^2 - b^2}$

Numerische Exzentrizität: $\varepsilon = \frac{e}{a}$ $(\varepsilon < 1)$.

Hyperbel

Die **Hyperbel** besteht aus allen Punkten, die von den Brennpunkten F_1 und F_2 dieselbe Abstandsdifferenz $|r_1 - r_2| = 2a$ haben.

Hyperbelgleichung: $\frac{x^2}{a^2} - \frac{y^2}{b^2} = 1$

Tangente im Punkt $P(x_1 \mid y_1)$:

t: $\frac{x_1 x}{a^2} - \frac{y_1 y}{b^2} = 1$

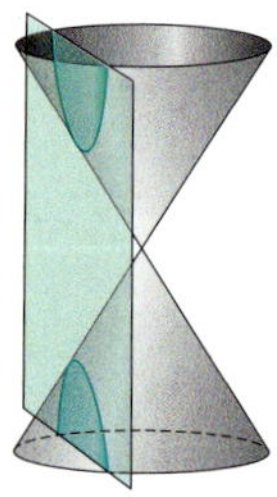

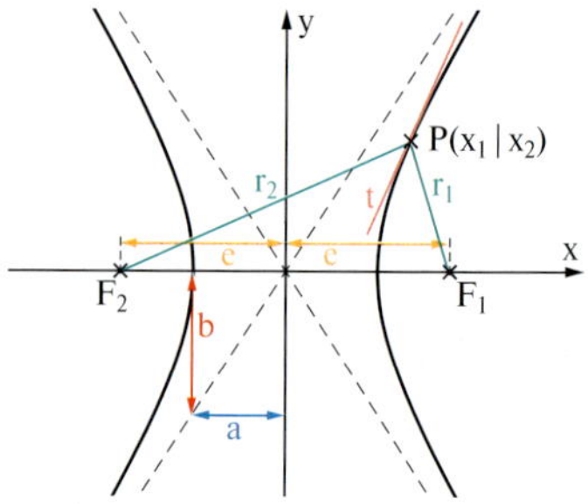

Eine Gerade mit der Gleichung $y = mx + n$ ist Tangente an die Hyperbel, wenn gilt: $n^2 = a^2m^2 - b^2$.

Lineare Exzentrizität: $e = \sqrt{a^2 + b^2}$

Numerische Exzentrizität: $\varepsilon = \frac{e}{a}$ $(\varepsilon > 1)$

Asymptoten: $y = \frac{b}{a}x$ und $y = -\frac{b}{a}x$

Parabel

Die **Parabel** besteht aus allen Punkten, die vom Brennpunkt F und von der Leitgeraden *l* jeweils den gleichen Abstand haben.

Parabelgleichung: $y^2 = 2px$

Tangente im Punkt $P(x_1 \mid y_1)$:

t: $y_1 y = p \cdot (x_1 + x)$

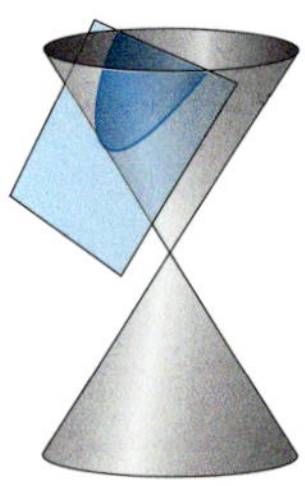

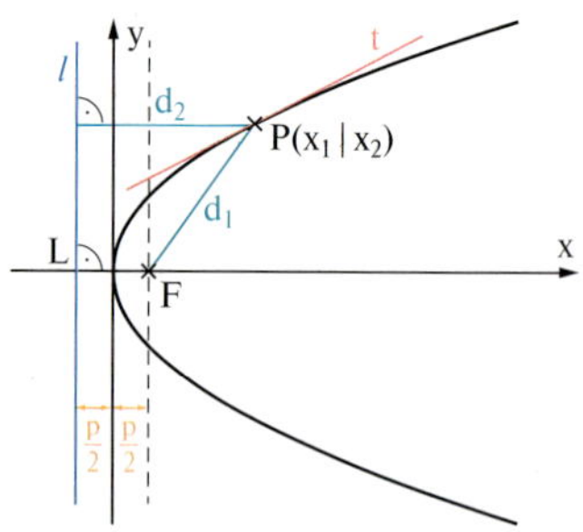

Eine Gerade mit der Gleichung $y = mx + n$ ist Tangente an die Parabel, wenn gilt: $p = 2mn$.

Komplexe Zahlen

Definition und Rechenregeln

Die komplexen Zahlen erweitern den Zahlenbereich der reellen Zahlen derart, dass die Gleichung $x^2 + 1 = 0$ lösbar wird. Dies gelingt durch die Einführung der **imaginären Einheit** i, die die Eigenschaft $i^2 = -1$ besitzt.

Definition:
$\mathbb{C} = \{z \mid z = a + i \cdot b;\ a, b \in \mathbb{R}\}$
i: imaginäre Einheit ($i^2 = -1$)
a: Realteil von z
b: Imaginärteil von z
Gilt $a = 0$, so ist z imaginär.
Gilt $b = 0$, so ist z reell.

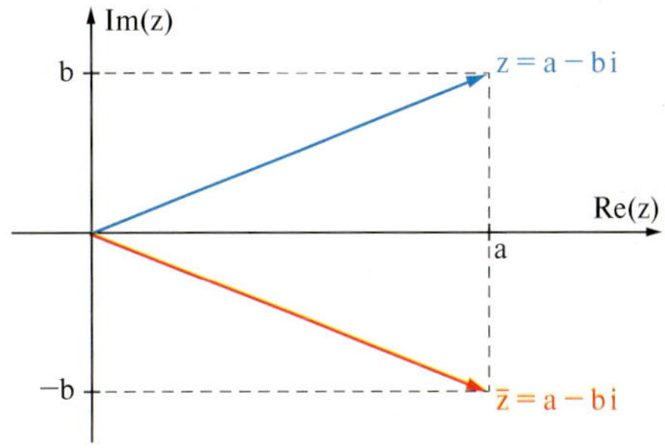

Die **konjugiert komplexe Zahl** zu z erhält man, in dem man das Vorzeichen des Imaginärteils b umdreht:
$\overline{z} = a - i \cdot b$

Der Betrag einer komplexen Zahl z ist die Länge ihre Vektors in der GAUSS'schen Zahlenebene. Er berechnet sich durch: $|z| = \sqrt{a^2 + b^2}$

Rechenregeln für $z_1 = a_1 + i \cdot b_1$, $z_2 = a_2 + i \cdot b_2$:

(1) $z_1 \pm z_2 = (a_1 \pm a_2) + i \cdot (b_1 \pm b_2)$

(2) $z_1 \cdot z_2 = (a_1a_2 - b_1b_2) + i \cdot (a_1b_2 + a_2b_1)$

(3) $z_1 : z_2 = \frac{z_1}{z_2} \cdot \frac{\overline{z_2}}{\overline{z_2}} = \frac{a_1a_2 + b_1b_2}{a_2^2 + b_2^2} + i \cdot \frac{a_2b_1 - a_1b_2}{a_2^2 + b_2^2}$

(4) $\overline{z_1 + z_2} = \overline{z_1} + \overline{z_2},\ \overline{z_1 \cdot z_2} = \overline{z_1} \cdot \overline{z_2},\ z \cdot \overline{z} = |z|^2$

Darstellung in Polarkoordinaten

Jede komplexe Zahl $z = a + bi$ mit der Länge $r = |z| = \sqrt{a^2 + b^2}$ lässt sich in der Form
$z = a + i \cdot b = r \cdot (\cos\varphi + i \cdot \sin\varphi) = r \cdot E(\varphi)$
darstellen. φ wird das **Argument von z** genannt und ist durch die Bedingung $-\pi < \varphi \leqq \pi$ eindeutig bestimmt.

Für das Argument von z gilt:
$\tan\varphi = \frac{b}{a}$ und somit $\varphi = \arctan\left(\frac{b}{a}\right)$

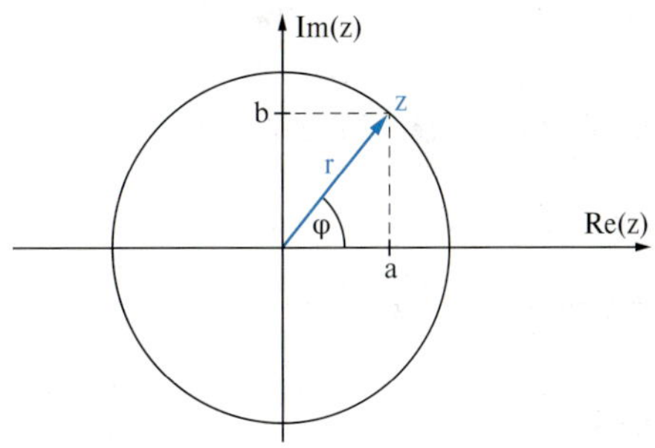

Rechenregeln:

(1) $z_1 \cdot z_2 = (r_1r_2) \cdot E(\varphi_1 + \varphi_2) = (r_1r_2) \cdot (\cos(\varphi_1 + \varphi_2) + i \cdot \sin(\varphi_1 + \varphi_2))$

(2) $z_1 : z_2 = \left(\frac{r_1}{r_2}\right) \cdot E(\varphi_1 - \varphi_2) = \left(\frac{r_1}{r_2}\right) \cdot (\cos(\varphi_1 - \varphi_2) + i \cdot \sin(\varphi_1 - \varphi_2))$

(3) $z^n = r^n \cdot E(n\varphi)$, also $(\cos\varphi + i \cdot \sin\varphi)^n = \cos(n\varphi) + i \cdot \sin(n\varphi)$ (MOIVRE'sche Formel)

(4) $E(\varphi) = e^{i\varphi}$ (EULER'sche Formel)

Kreisteilungsgleichung

Die Gleichung $z^n = 1$ hat in der Menge der komplexen Zahlen die n Lösungen:

$e_k = \cos\left(k \cdot \frac{2\pi}{n}\right) + i \cdot \sin\left(k \cdot \frac{2\pi}{n}\right)$, $k = 0, 1, \dots, n - 1$ (n-te Einheitswurzeln)

Matrizen

Matrix, Vektor

Matrix

$$A = \begin{pmatrix} a_{11} & a_{12} & \cdots & a_{1n} \\ a_{21} & a_{22} & \cdots & a_{2n} \\ \vdots & \vdots & & \vdots \\ a_{m1} & a_{m2} & \cdots & a_{mn} \end{pmatrix}$$

Eine Matrix ist ein rechteckiges Zahlenschema mit reellen Zahlen als Einträge a_{ij} ($0 \leq i \leq m$ und $0 \leq j \leq n$), die als Elemente der Matrix bezeichnet werden. Eine Matrix mit *m* Zeilen und *n* Spalten heißt $m \times n$-Matrix.

Quadratische Matrix

$$\begin{pmatrix} a_{11} & a_{12} & \cdots & a_{1n} \\ a_{21} & a_{22} & \cdots & a_{2n} \\ \vdots & \vdots & & \vdots \\ a_{n1} & a_{n2} & \cdots & a_{nn} \end{pmatrix}$$

Wenn die Anzahl der Zeilen und die Anzahl der Spalten übereinstimmt, also wenn $m = n$, dann liegt eine quadratische Matrix vor.

Dreiecksmatrix

$$\begin{pmatrix} a_{11} & a_{12} & \cdots & a_{1n} \\ 0 & a_{22} & \cdots & a_{2n} \\ \vdots & & \ddots & \vdots \\ 0 & \cdots & 0 & a_{nn} \end{pmatrix}$$

Diagonalmatrix

$$\begin{pmatrix} a_{11} & 0 & \cdots & 0 \\ 0 & a_{22} & \cdots & 0 \\ \vdots & & \ddots & \vdots \\ 0 & \cdots & 0 & a_{nn} \end{pmatrix}$$

Einheitsmatrix

$$\begin{pmatrix} 1 & 0 & \cdots & 0 \\ 0 & 1 & \cdots & \cdots \\ \vdots & & \ddots & 0 \\ 0 & \cdots & 0 & 1 \end{pmatrix}$$

Transponierte Matrix

$$A^T = \begin{pmatrix} a_{11} & a_{12} & \cdots & a_{m1} \\ a_{12} & a_{22} & \cdots & a_{m2} \\ \vdots & & & \vdots \\ a_{1n} & a_{2n} & \cdots & a_{mn} \end{pmatrix}$$

Die transponierte Matrix A^T entsteht aus A, indem die i-te Zeile als i-te Spalte geschrieben wird (usw.), also durch Spiegelung aller Elemente an der Hauptdiagonale.

Spaltenvektor ($n \times 1$-Matrix)

$$\vec{v} = \begin{pmatrix} v_1 \\ v_2 \\ \vdots \\ v_n \end{pmatrix}$$

Zeilenvektor ($1 \times n$-Matrix) $\vec{u} = (u_1 \ u_2 \ \cdots \ u_n)$

Rang einer Matrix

Der Rang einer Matrix gibt die Anzahl der linear unabhängigen Zeilenvektoren der Matrix an. Diese stimmt mit der Anzahl der linear unabhängigen Spaltenvektoren der Matrix überein.

Matrizen addieren

Matrizen können nur dann addiert (oder subtrahiert) werden, wenn sie in der Zeilen- und Spaltenanzahl übereinstimmen. Dabei werden jeweils die zugehörigen Elemente addiert (oder subtrahiert). Sind A und B $m \times n$-Matrizen, so ist auch das Ergebnis eine $m \times n$-Matrix.

$$A \pm B = \begin{pmatrix} a_{11} & a_{12} & \cdots & a_{1n} \\ a_{21} & a_{22} & \cdots & a_{2n} \\ \vdots & \vdots & & \vdots \\ a_{m1} & a_{m2} & \cdots & a_{mn} \end{pmatrix} \pm \begin{pmatrix} b_{11} & b_{12} & \cdots & b_{1n} \\ b_{21} & b_{22} & \cdots & b_{2n} \\ \vdots & \vdots & & \vdots \\ b_{m1} & b_{m2} & \cdots & b_{mn} \end{pmatrix} = \begin{pmatrix} a_{11} \pm b_{11} & a_{12} \pm b_{12} & \cdots & a_{1n} \pm b_{1n} \\ a_{21} \pm b_{21} & a_{22} \pm b_{22} & \cdots & a_{2n} \pm b_{2n} \\ \vdots & \vdots & & \vdots \\ a_{m1} \pm b_{m1} & a_{m2} \pm b_{m2} & \cdots & a_{mn} \pm b_{mn} \end{pmatrix}$$

Eine Matrix mit einer reellen Zahl multiplizieren

Eine $m \times n$-Matrix A wird mit einer reellen Zahl r multipliziert, indem man jedes Element der Matrix mit r multipliziert. Das Ergebnis ist wieder eine $m \times n$-Matrix.

$$r \cdot A = r \cdot \begin{pmatrix} a_{11} & a_{12} & \cdots & a_{1n} \\ a_{21} & a_{22} & \cdots & a_{2n} \\ \vdots & \vdots & & \vdots \\ a_{m1} & a_{m2} & \cdots & a_{mn} \end{pmatrix} = \begin{pmatrix} r \cdot a_{11} & r \cdot a_{12} & \cdots & r \cdot a_{1n} \\ r \cdot a_{21} & r \cdot a_{22} & \cdots & r \cdot a_{2n} \\ \vdots & \vdots & & \vdots \\ r \cdot a_{m1} & r \cdot a_{m2} & \cdots & r \cdot a_{mn} \end{pmatrix}$$

Matrizen miteinander multiplizieren

Matrix mal Vektor

Stimmt die Anzahl der Spalten der Matrix A mit der Anzahl der Elemente eines Spaltenvektors $\vec{v}$ überein, so ist das Produkt Matrix mal Vektor definiert. Das Ergebnis ist ein Spaltenvektor, dessen Elemente sich berechnen als Skalarprodukt eines Zeilenvektors der Matrix mit dem Vektor $\vec{v}$.

$$A \cdot \vec{v} = \begin{pmatrix} a_{11} & a_{12} & \cdots & a_{1n} \\ a_{21} & a_{22} & \cdots & a_{2n} \\ \vdots & \vdots & & \vdots \\ a_{m1} & a_{m2} & \cdots & a_{mn} \end{pmatrix} \cdot \begin{pmatrix} v_1 \\ v_2 \\ \vdots \\ v_n \end{pmatrix} = \begin{pmatrix} a_{11} \cdot v_1 + a_{12} \cdot v_2 + \ldots + a_{1n} \cdot v_n \\ a_{21} \cdot v_1 + a_{22} \cdot v_2 + \ldots + a_{2n} \cdot v_n \\ \vdots \\ a_{m1} \cdot v_1 + a_{m2} \cdot v_2 + \ldots + a_{mn} \cdot v_n \end{pmatrix}$$

Analog kann man auch das Produkt eines Zeilenvektors mit einer Matrix definieren, wenn die Anzahl der Spalten des Zeilenvektors und die Anzahl der Zeilen der Matrix übereinstimmen.

Matrix mal Matrix

Stimmt die Anzahl der Spalten der Matrix A mit der Anzahl der Zeilen der Matrix B überein, so ist das Produkt A · B erklärt:

$$A \cdot B = \underbrace{\begin{pmatrix} a_{11} & a_{12} & \cdots & a_{1k} \\ a_{21} & a_{22} & \cdots & a_{2k} \\ \vdots & \vdots & & \vdots \\ a_{m1} & a_{m2} & \cdots & a_{mk} \end{pmatrix}}_{m \times k\text{-Matrix}} \cdot \underbrace{\begin{pmatrix} b_{11} & b_{12} & b_{13} & \cdots & b_{1n} \\ b_{21} & b_{22} & b_{23} & \cdots & b_{2n} \\ \vdots & \vdots & \vdots & & \vdots \\ \vdots & \vdots & \vdots & & \vdots \\ b_{k1} & b_{k2} & b_{k3} & \cdots & b_{kn} \end{pmatrix}}_{k \times n\text{-Matrix}} = \underbrace{\begin{pmatrix} c_{11} & c_{12} & c_{13} & \cdots & c_{1n} \\ c_{21} & c_{22} & c_{23} & \cdots & c_{2n} \\ \vdots & \vdots & \vdots & & \vdots \\ c_{m1} & c_{m2} & c_{m3} & \cdots & c_{mn} \end{pmatrix}}_{m \times n\text{-Matrix}}$$

Dabei ist c_{ij} das Skalarprodukt aus dem i-ten Zeilenvektor von A mit dem j-ten Spaltenvektor von B.
z. B.: $c_{23} = a_{21} \cdot b_{13} + a_{22} \cdot b_{23} + \ldots + a_{2k} \cdot b_{k3}$

Zu quadratischen Matrizen A können **Matrixpotenzen** berechnet werden:
$A^2 = A \cdot A$ $\quad A^3 = A \cdot A \cdot A$ $\quad A^n = A \cdot A \cdot \ldots \cdot A$ (mit n Faktoren)

Inverse Matrix

Wenn zu einer quadratischen Matrix A eine **inverse Matrix A^{-1}** mit der Eigenschaft $A^{-1} \cdot A = A \cdot A^{-1} = E$ existiert, dann heißt die Matrix A invertierbar (E: Einheitsmatrix).
Eine quadratische Matrix A ist genau dann **invertierbar**, wenn der Rang der Matrix A mit der Anzahl der Zeilen und Spalten übereinstimmt.
Dann gilt auch: $A \cdot \vec{x} = \vec{b} \Leftrightarrow \vec{x} = A^{-1} \cdot \vec{b}$

Gesetze der Matrizenrechnung

$(A + B) + C = A + (B + C)$ $\qquad (A \cdot B) \cdot C = A \cdot (B \cdot C)$
$A + B = B + A$ $\qquad A \cdot (B + C) = A \cdot B + A \cdot C$

Die Matrizenmultiplikation ist im Allgemeinen nicht kommutativ, d. h. i. A. gilt: $A \cdot B \neq B \cdot A$.

Lineare Gleichungssysteme in Matrizenschreibweise

Lineare Gleichungssysteme kann man übersichtlich in **Matrizenschreibweise** darstellen:

$$\left| \begin{array}{c} a_{11}x_1 + a_{12}x_2 + \ldots + a_{1n}x_n = b_1 \\ a_{21}x_1 + a_{22}x_2 + \ldots + a_{2n}x_n = b_2 \\ \vdots \\ a_{m1}x_1 + a_{m2}x_2 + \ldots + a_{mn}x_n = b_n \end{array} \right| \Leftrightarrow \underbrace{\begin{pmatrix} a_{11} & a_{12} & \cdots & a_{1n} \\ a_{21} & a_{22} & \cdots & a_{2n} \\ \vdots & \vdots & & \vdots \\ a_{m1} & a_{m2} & \cdots & a_{mn} \end{pmatrix}}_{\text{Koeffizientenmatrix}} \cdot \begin{pmatrix} x_1 \\ x_2 \\ \vdots \\ x_n \end{pmatrix} = \begin{pmatrix} b_1 \\ b_2 \\ \vdots \\ b_n \end{pmatrix} \Leftrightarrow A \cdot \vec{x} = \vec{b}$$

Lineare Gleichungssysteme (LGS)

Äquivalenzumformungen

Durch Äquivalenzumformungen ändert sich die Lösungsmenge eines linearen Gleichungssystems nicht. Die Anzahl der Gleichungen des Systems bleibt dabei grundsätzlich unverändert; nicht umgeformte Gleichungen werden damit weiterhin notiert und nicht weggelassen.

Äquivalenzumformungen

1. Vertauschen von Gleichungen, also Veränderung der Reihenfolge
2. Multiplikation einer Gleichung mit einer reellen Zahl $r \neq 0$
3. Addition einer Gleichung zu einer anderen Gleichung:

$$\begin{aligned} a_{11}x_1 + a_{12}x_2 + a_{13}x_3 &= b_1 \\ a_{21}x_1 + a_{22}x_2 + a_{23}x_3 &= b_2 \\ a_{31}x_1 + a_{32}x_2 + a_{33}x_3 &= b_3 \end{aligned} \quad \oplus$$

$$\begin{aligned} a_{11}x_1 + a_{12}x_2 + a_{13}x_3 &= b_1 \\ (a_{11} + a_{21}) \cdot x_1 + (a_{12} + a_{22}) \cdot x_2 + (a_{13} + a_{23}) \cdot x_3 &= b_1 + b_2 \\ a_{31}x_1 + a_{32}x_2 + a_{33}x_3 &= b_3 \end{aligned}$$

GAUSS-Verfahren

Beim **GAUSS'schen Eliminationsverfahren** wird die Lösungsmenge eines linearen Gleichungssystems mit einem mehrschrittigen Algorithmus bestimmt. Hier ist dies für ein eindeutig lösbares LGS mit 3 Gleichungen und 3 Unbekannten als **erweiterte Koeffizientenmatrix** dargestellt:

$$\left(\begin{array}{ccc|c} a_{11} & a_{12} & a_{13} & b_1 \\ a_{21} & a_{22} & a_{23} & b_2 \\ a_{31} & a_{32} & a_{33} & b_3 \end{array}\right)$$

1. Das Gleichungssystem wird durch Äquivalenzumformungen auf eine **Dreiecksform** gebracht:

$$\left(\begin{array}{ccc|c} a_{11} & a_{12} & a_{13} & b_1 \\ 0 & a'_{22} & a'_{23} & b'_2 \\ 0 & 0 & a'_{33} & b'_3 \end{array}\right)$$

2. Durch Multiplikationen der Gleichungen mit geeigneten Faktoren entsteht die **Stufenform** (*row echelon form – ref*) mit Einsen in der Hauptdiagonale. In der letzten Zeile kann bereits die Lösung für x_3 abgelesen werden. Durch Einsetzen von x_3 in die vorletzte Gleichung kann damit x_2 berechnet werden, usw.

$$\left(\begin{array}{ccc|c} 1 & a''_{12} & a''_{13} & b''_1 \\ 0 & 1 & a''_{23} & b''_2 \\ 0 & 0 & 1 & b''_3 \end{array}\right)$$

3. Durch weitere Äquivalenzumformungen kann das Gleichungssystem auf **Diagonalform** (reduzierte Stufenform, *reduced row echelon form – rref*) gebracht werden. In den Zeilen kann die Lösung des Gleichungssystems unmittelbar abgelesen werden.

$$\left(\begin{array}{ccc|c} 1 & 0 & 0 & b'''_1 \\ 0 & 1 & 0 & b'''_2 \\ 0 & 0 & 1 & b'''_3 \end{array}\right)$$

Die Lösungsmenge ist dann gegeben durch: $\mathbb{L} = \{(b'''_1, b'''_2, b'''_3)\}$

Lösungsmengen linearer Gleichungssysteme

Ein lineares Gleichungssystem hat entweder

keine Lösung,	**genau eine Lösung** oder	**unendlich viele Lösungen,**
falls nach Äquivalenzumformungen in der letzten Zeile der Diagonalform		
$\left(\begin{array}{ccc\|c} 1 & * & * & * \\ 0 & 1 & * & * \\ 0 & 0 & 0 & 1 \end{array}\right)$	$\left(\begin{array}{ccc\|c} 1 & 0 & 0 & a \\ 0 & 1 & 0 & b \\ 0 & 0 & 1 & c \end{array}\right)$	$\left(\begin{array}{ccc\|c} 1 & 0 & d & a \\ 0 & 1 & e & b \\ 0 & 0 & 0 & 0 \end{array}\right)$
eine falsche Aussage auftritt.	eine lösbare Gleichung auftritt.	eine wahre Aussage auftritt.
Lösungsmenge:	Lösungsmenge:	Lösungsmenge:
$\mathbb{L} = \{\}$	$\mathbb{L} = \{(a; b; c)\}$	$\mathbb{L} = \{(a - d \cdot t; b - e \cdot t; t)\}, t \in \mathbb{R}$

Abbildungsmatrizen

Parallelprojektion

Durch eine **Parallelprojektion** mit der Abbildungsgleichung $\vec{x}' = A \cdot \vec{x}$ wird jeder Punkt des Raumes längs parallel verlaufender Geraden auf einen Punkt in einer Ebene, die den Ursprung enthält, abgebildet. Die Projektionsrichtung ist bestimmt durch den **Projektionsvektor:**

$$\vec{v} = \begin{pmatrix} v_1 \\ v_2 \\ v_3 \end{pmatrix}$$

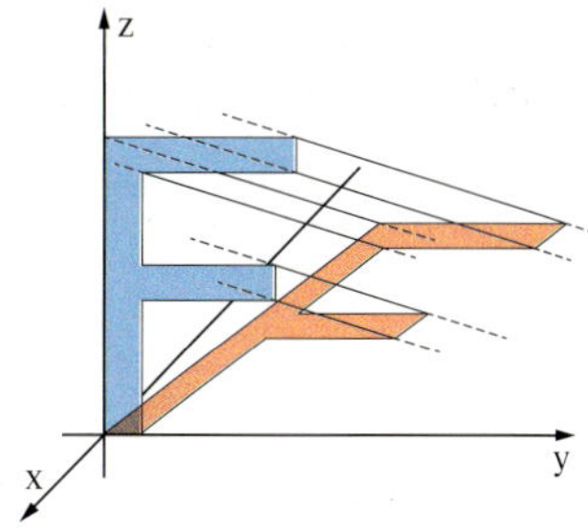

Parallelprojektion auf die x-y-Ebene:

$$A = \begin{pmatrix} 1 & 0 & \frac{-v_1}{v_3} \\ 0 & 1 & \frac{-v_2}{v_3} \\ 0 & 0 & 0 \end{pmatrix}$$

Parallelprojektion auf die x-z-Ebene:

$$A = \begin{pmatrix} 1 & \frac{-v_1}{v_2} & 0 \\ 0 & 0 & 0 \\ 0 & \frac{-v_3}{v_2} & 1 \end{pmatrix}$$

Parallelprojektion auf die y-z-Ebene:

$$A = \begin{pmatrix} 0 & 0 & 0 \\ \frac{-v_2}{v_1} & 1 & 0 \\ \frac{-v_3}{v_1} & 0 & 1 \end{pmatrix}$$

Parallelprojektionen sind **keine** affinen Abbildungen.

Affine Abbildungen

Definition

Eine **affine Abbildung** α ist eine umkehrbare Abbildung mit der Abbildungsgleichung α: $\vec{x}' = A \cdot \vec{x} + \vec{v}$, wobei die **Abbildungsmatrix** A eine invertierbare $n \times n$-Matrix und $\vec{v}$ ein Verschiebungsvektor ist.

Affine Abbildung in der Ebene

$$\alpha: \begin{pmatrix} x_1' \\ x_2' \end{pmatrix} = \begin{pmatrix} a_{11} & a_{12} \\ a_{21} & a_{22} \end{pmatrix} \cdot \begin{pmatrix} x_1 \\ x_2 \end{pmatrix} + \begin{pmatrix} v_1 \\ v_2 \end{pmatrix}$$

d. h. $x_1' = a_{11}x_1 + a_{12}x_2 + v_1$
$x_2' = a_{21}x_1 + a_{22}x_2 + v_2$

Affine Abbildung im Raum

$$\alpha: \begin{pmatrix} x_1' \\ x_2' \\ x_3' \end{pmatrix} = \begin{pmatrix} a_{11} & a_{12} & a_{13} \\ a_{21} & a_{22} & a_{23} \\ a_{31} & a_{32} & a_{33} \end{pmatrix} \cdot \begin{pmatrix} x_1 \\ x_2 \\ x_3 \end{pmatrix} + \begin{pmatrix} v_1 \\ v_2 \\ v_3 \end{pmatrix}$$

d. h. $x_1' = a_{11}x_1 + a_{12}x_2 + a_{13}x_3 + v_1$
$x_2' = a_{21}x_1 + a_{22}x_2 + a_{23}x_3 + v_2$
$x_3' = a_{31}x_1 + a_{32}x_2 + a_{33}x_3 + v_3$

Eigenschaften

Affine Abbildungen sind:
- geradentreu (Geraden werden auf Geraden abgebildet.)
- parallelentreu (Parallele Geraden haben parallele Bildgeraden.)
- teilverhältnistreu (Teilverhältnisse auf Ausgangs- und Bildgeraden sind gleich.)

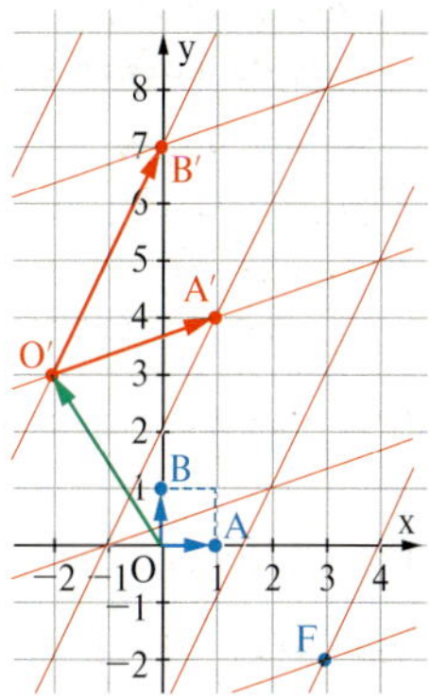

Affine Abbildungen bilden ein Quadratraster auf ein Parallelogrammraster ab.

Affine Abbildungen sind im Allgemeinen **nicht:**
- längentreu
- winkeltreu
- flächentreu
- kreistreu

Aufstellen der Abbildungsgleichung

Falls $\vec{v}$ der Nullvektor ist, erhält man die Spalten der Abbildungsmatrix durch die **Bilder der Einheitsvektoren,**

da z. B.: $\begin{pmatrix} a_{11} & a_{12} & a_{13} \\ a_{21} & a_{22} & a_{23} \\ a_{31} & a_{32} & a_{33} \end{pmatrix} \cdot \begin{pmatrix} 1 \\ 0 \\ 0 \end{pmatrix} = \begin{pmatrix} a_{11} \\ a_{21} \\ a_{31} \end{pmatrix}$

Sonst können die Elemente der Abbildungsmatrix M und des Vektors $\vec{v}$ durch Lösen eines linearen Gleichungssystems bestimmt werden:

in der Ebene: 3 Paare aus Urbildern und Bildern ergeben 6 Gleichungen
im Raum: 4 Paare aus Urbildern und Bildern ergeben 12 Gleichungen

Affine Abbildungen in der Ebene

Parallelverschiebung	$A = \begin{pmatrix} 1 & 0 \\ 0 & 1 \end{pmatrix}$	$\vec{v} = \begin{pmatrix} v_1 \\ v_2 \end{pmatrix}$
Zentrische Streckung mit Koordinatenursprung O(0 | 0) als Streckzentrum	$A = \begin{pmatrix} k & 0 \\ 0 & k \end{pmatrix}, k \neq 0$	$\vec{v} = \begin{pmatrix} 0 \\ 0 \end{pmatrix}$
Drehung mit dem Winkel α um O(0 | 0)	$A = \begin{pmatrix} \cos(\alpha) & -\sin(\alpha) \\ \sin(\alpha) & \cos(\alpha) \end{pmatrix}$	$\vec{v} = \begin{pmatrix} 0 \\ 0 \end{pmatrix}$
Achsenspiegelung	an der x-Achse: $A = \begin{pmatrix} 1 & 0 \\ 0 & -1 \end{pmatrix}$ an der y-Achse: $A = \begin{pmatrix} -1 & 0 \\ 0 & 1 \end{pmatrix}$	$\vec{v} = \begin{pmatrix} 0 \\ 0 \end{pmatrix}$
Punktspiegelung an O(0 | 0)	$A = \begin{pmatrix} -1 & 0 \\ 0 & -1 \end{pmatrix}$	$\vec{v} = \begin{pmatrix} 0 \\ 0 \end{pmatrix}$
Punktspiegelung an Punkt $S(s_1 \mid s_2)$	$A = \begin{pmatrix} -1 & 0 \\ 0 & -1 \end{pmatrix}$	$\vec{v} = \begin{pmatrix} 2s_1 \\ 2s_2 \end{pmatrix}$
Scherung längs der x_1-Achse	$A = \begin{pmatrix} 1 & s \\ 0 & 1 \end{pmatrix}, s \in \mathbb{R}$	$\vec{v} = \begin{pmatrix} 0 \\ 0 \end{pmatrix}$
Axiale affine Abbildung mit x_1-Achse als Affinitätsachse	$A = \begin{pmatrix} k & 0 \\ 0 & 1 \end{pmatrix}, k \neq 0$	$\vec{v} = \begin{pmatrix} 0 \\ 0 \end{pmatrix}$

Affine Abbildungen im Raum

Punkt-spiegelung an Punkt $S(s_1 \mid s_2 \mid s_3)$	$A = \begin{pmatrix} -1 & 0 & 0 \\ 0 & -1 & 0 \\ 0 & 0 & -1 \end{pmatrix}$			$\vec{v} = \begin{pmatrix} 2s_1 \\ 2s_2 \\ 2s_3 \end{pmatrix}$
Achsen-spiegelung	an der x-Achse: $A = \begin{pmatrix} 1 & 0 & 0 \\ 0 & -1 & 0 \\ 0 & 0 & -1 \end{pmatrix}$	an der y-Achse: $A = \begin{pmatrix} -1 & 0 & 0 \\ 0 & 1 & 0 \\ 0 & 0 & -1 \end{pmatrix}$	an der z-Achse: $A = \begin{pmatrix} -1 & 0 & 0 \\ 0 & -1 & 0 \\ 0 & 0 & 1 \end{pmatrix}$	$\vec{v} = \begin{pmatrix} 0 \\ 0 \\ 0 \end{pmatrix}$
Ebenen-spiegelung	an der x-y-Ebene: $A = \begin{pmatrix} 1 & 0 & 0 \\ 0 & 1 & 0 \\ 0 & 0 & -1 \end{pmatrix}$	an der x-z-Ebene: $A = \begin{pmatrix} 1 & 0 & 0 \\ 0 & -1 & 0 \\ 0 & 0 & 1 \end{pmatrix}$	an der y-z-Ebene: $A = \begin{pmatrix} -1 & 0 & 0 \\ 0 & 1 & 0 \\ 0 & 0 & 1 \end{pmatrix}$	$\vec{v} = \begin{pmatrix} 0 \\ 0 \\ 0 \end{pmatrix}$
Drehung um den Winkel α	um die x-Achse: $A = \begin{pmatrix} 1 & 0 & 0 \\ 0 & \cos(\alpha) & -\sin(\alpha) \\ 0 & \sin(\alpha) & \cos(\alpha) \end{pmatrix}$	um die y-Achse: $A = \begin{pmatrix} \cos(\alpha) & 0 & -\sin(\alpha) \\ 0 & 1 & 0 \\ \sin(\alpha) & 0 & \cos(\alpha) \end{pmatrix}$	um die z-Achse: $A = \begin{pmatrix} \cos(\alpha) & -\sin(\alpha) & 0 \\ \sin(\alpha) & \cos(\alpha) & 0 \\ 0 & 0 & 1 \end{pmatrix}$	$\vec{v} = \begin{pmatrix} 0 \\ 0 \\ 0 \end{pmatrix}$

Verkettung von Abbildungen

Sind α und β Abbildungen mit $\alpha: \vec{x}\,' = A \cdot \vec{x}$ und $\beta: \vec{x}\,'' = B \cdot \vec{x}\,'$,
so wird die Verkettung $\circ$ der Abbildungen $\vec{x} \xrightarrow{\alpha} \vec{x}\,' \xrightarrow{\beta} \vec{x}\,''$
beschrieben durch $\beta \circ \alpha:\ \beta(\alpha(\vec{x})) = \vec{x}\,'' = B \cdot (A \cdot \vec{x}) = (B \cdot A) \cdot \vec{x}$.

Dabei steht die Matrix B der zuletzt ausgeführten Abbildung β links im Matrizenprodukt.

Die Verkettung (Hintereinanderausführung) affiner Abbildungen in der Ebene und im Raum ergibt wieder eine affine Abbildung.

Umkehrabbildung

Falls die Matrix A invertierbar ist, kann zur Abbildung α mit $\alpha: \vec{x}\,' = A \cdot \vec{x}$ eine **Umkehrabbildung** α' mit $\alpha': \vec{x} = A^{-1} \cdot \vec{x}\,'$ angegeben werden.

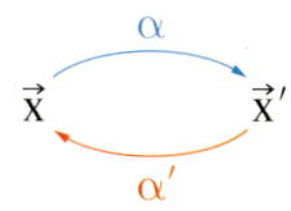

Dabei ist A^{-1} die zu A inverse Matrix mit $A \cdot A^{-1} = E$.

Fixpunkte, Fixpunktgeraden, Fixgeraden

Ein **Fixpunkt F** der Abbildung α ist ein Punkt, der durch α auf sich selbst abgebildet wird. Der Ortsvektor $\vec{x}_F$ des Fixpunkts F heißt **Fixvektor**.

Für α mit $\alpha: \vec{x}\,' = A \cdot \vec{x}$ ist $\vec{x}_F$ ein Fixvektor genau dann, wenn: $A \cdot \vec{x}_F = \vec{x}_F \Leftrightarrow (A - E) \cdot \vec{x}_F = \vec{o}$

$$\begin{pmatrix} a_{11} & a_{12} & a_{13} \\ a_{21} & a_{22} & a_{23} \\ a_{31} & a_{32} & a_{33} \end{pmatrix} \cdot \begin{pmatrix} x_{F1} \\ x_{F2} \\ x_{F3} \end{pmatrix} = \begin{pmatrix} x_{F1} \\ x_{F2} \\ x_{F3} \end{pmatrix} \quad \Leftrightarrow \quad \left| \begin{array}{rl} (a_{11}-1) \cdot x_{F1} + a_{12} \cdot x_{F2} + a_{13} \cdot x_{F3} &= 0 \\ a_{21} \cdot x_{F1} + (a_{22}-1) \cdot x_{F2} + a_{23} \cdot x_{F3} &= 0 \\ a_{31} \cdot x_{F1} + a_{32} \cdot x_{F2} + (a_{33}-1) \cdot x_{F3} &= 0 \end{array} \right|$$

Für α mit $\alpha: \vec{x}\,' = A \cdot \vec{x} + \vec{v}$ ist $\vec{x}_F$ ein Fixvektor genau dann, wenn: $A \cdot \vec{x}_F + \vec{v} = \vec{x}_F \Leftrightarrow (A - E) \cdot \vec{x}_F = -\vec{v}$

$$\begin{pmatrix} a_{11} & a_{12} & a_{13} \\ a_{21} & a_{22} & a_{23} \\ a_{31} & a_{32} & a_{33} \end{pmatrix} \cdot \begin{pmatrix} x_{F1} \\ x_{F2} \\ x_{F3} \end{pmatrix} + \begin{pmatrix} v_1 \\ v_2 \\ v_3 \end{pmatrix} = \begin{pmatrix} x_{F1} \\ x_{F2} \\ x_{F3} \end{pmatrix} \quad \Leftrightarrow \quad \left| \begin{array}{rl} (a_{11}-1) \cdot x_{F1} + a_{12} \cdot x_{F2} + a_{13} \cdot x_{F3} &= -v_1 \\ a_{21} \cdot x_{F1} + (a_{22}-1) \cdot x_{F2} + a_{23} \cdot x_{F3} &= -v_2 \\ a_{31} \cdot x_{F1} + a_{32} \cdot x_{F2} + (a_{33}-1) \cdot x_{F3} &= -v_3 \end{array} \right|$$

Eine Gerade, deren Punkte bei einer Abbildung wieder auf Punkte derselben Gerade abgebildet werden, heißt **Fixgerade.** Besteht eine Gerade aus lauter Fixpunkten, so wird sie als **Fixpunktgerade** bezeichnet.

Daher gilt: Jede Fixpunktgerade ist auch eine Fixgerade, aber nicht jede Fixgerade stellt auch eine Fixpunktgerade dar.

Eigenvektoren und Eigenwerte

Ein Vektor $\vec{v}$ heißt **Eigenvektor** zur Matrix A, wenn es eine reelle Zahl λ gibt, für die gilt: $A \cdot \vec{v} = \lambda \cdot \vec{v}$. λ heißt dabei **Eigenwert** der Matrix. Eigenvektoren werden also bei einer Abbildung mit der Matrix A lediglich mit dem Faktor λ gestreckt, gestaucht oder in ihrer Richtung umgekehrt.

Für Abbildungen in der Ebene mit $\begin{pmatrix} x_1' \\ x_2' \end{pmatrix} = \begin{pmatrix} a_{11} & a_{12} \\ a_{21} & a_{22} \end{pmatrix} \cdot \begin{pmatrix} x_1 \\ x_2 \end{pmatrix}$ erhält man die Eigenwerte als Lösungen der **charakteristischen Gleichung** $\lambda^2 - (a_{11} + a_{22}) \cdot \lambda + (a_{11} \cdot a_{22} - a_{12} \cdot a_{21}) = 0$. Anschließend können die jeweils zugehörigen Eigenvektoren als Lösung eines Gleichungssystems bestimmt werden:

$$(A - \lambda \cdot E) \cdot \vec{v} = 0 \quad \Leftrightarrow \quad \left| \begin{array}{rl} (a_{11}-\lambda) \cdot v_1 + a_{12} \cdot v_2 &= 0 \\ a_{21} \cdot v_1 + (a_{22}-\lambda) \cdot v_2 &= 0 \end{array} \right|$$

Übergangsmatrizen

Bedarfsmatrix

Die bei **Produktionsprozessen** zur Erzeugung der Endprodukte E_a, E_b (, ...) erforderlichen Stoffmengen von Rohprodukten R_1, R_2, R_3 (, ...) können dargestellt werden mit:

Diagramm

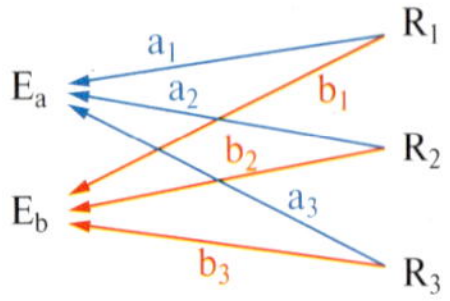

Tabelle

Endprodukte

Rohprodukte		E_a	E_b
	R_1	a_1	b_1
	R_2	a_2	b_2
	R_3	a_3	b_3

Bedarfsmatrix

$$M = \begin{pmatrix} a_1 & b_1 \\ a_2 & b_2 \\ a_3 & b_3 \end{pmatrix}$$

Dabei sind die erforderlichen Stoffmengen als Elemente der Bedarfsmatrix nichtnegative reelle Zahlen (a_1 gibt die für das Endprodukt E_a benötigte Stoffmenge des Rohprodukts R_1 an).

Soll vom Endprodukt E_a die Menge x_1 und vom Endprodukt E_b die Menge x_2 erzeugt werden, so werden die insgesamt dazu erforderlichen Rohproduktmengen r_1, r_2, r_3 berechnet mit:

$$\vec{r} = M \cdot \vec{x} \Leftrightarrow \begin{pmatrix} r_1 \\ r_2 \\ r_3 \end{pmatrix} = \begin{pmatrix} a_1 & b_1 \\ a_2 & b_2 \\ a_3 & b_3 \end{pmatrix} \cdot \begin{pmatrix} x_1 \\ x_2 \end{pmatrix} = \begin{pmatrix} a_1x_1 + b_1x_2 \\ a_2x_1 + b_2x_2 \\ a_3x_1 + b_3x_2 \end{pmatrix}$$

Übergangsmatrix

Austauschprozesse (Entwicklungs- und Zerfallsprozesse) zwischen verschiedenen Zuständen A, B, C, ... können beschrieben werden durch (hier für drei Zustände):

Übergangsdiagramm

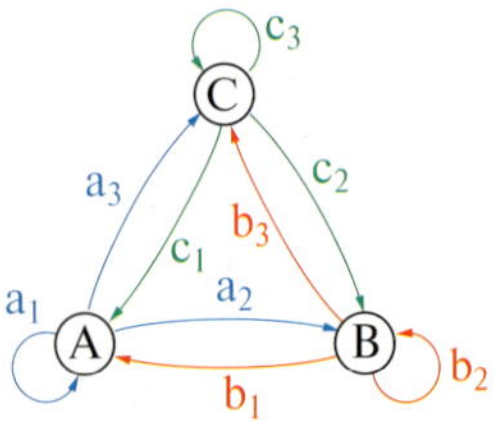

Tabelle

von Zustand

nach Zustand		A	B	C
	A	a_1	b_1	c_1
	B	a_2	b_2	c_2
	C	a_3	b_3	c_3

Übergangsmatrix

$$M = \begin{pmatrix} a_1 & b_1 & c_1 \\ a_2 & b_2 & c_2 \\ a_3 & b_3 & c_3 \end{pmatrix}$$

Dabei sind die Übergangsraten a_i, b_i, c_i ($i = 1, 2, 3$) zwischen den Zuständen je Zeiteinheit durch nichtnegative reelle Zahlen gegeben, die im Allgemeinen auch größer als 1 sein können.

Die Verteilung des Gesamtbestandes $x_1 + x_2 + x_3$ auf die verschiedenen Zustände zu einem bestimmten Zeitpunkt wird durch **Zustandsvektoren** $\vec{x} = \begin{pmatrix} x_1 \\ x_2 \\ x_3 \end{pmatrix}$ angegeben.

Der neue Zustandsvektor $\vec{x}\,'$ nach Ablauf einer Zeiteinheit wird aus dem vorangegangenen Zustandsvektor $\vec{x}$ berechnet mit:

$$\vec{x}\,' = M \cdot \vec{x} = \begin{pmatrix} a_1 & b_1 & c_1 \\ a_2 & b_2 & c_2 \\ a_3 & b_3 & c_3 \end{pmatrix} \cdot \begin{pmatrix} x_1 \\ x_2 \\ x_3 \end{pmatrix} = \begin{pmatrix} a_1x_1 + b_1x_2 + c_1x_3 \\ a_2x_1 + b_2x_2 + c_2x_3 \\ a_3x_1 + b_3x_2 + c_3x_3 \end{pmatrix}$$

Stochastische Matrix

Treten die Übergänge eines Austauschprozesses mit gewissen Wahrscheinlichkeiten auf, dann ist die Summe der (nicht-negativen) Elemente in jeder Spalte der Übergangsmatrix gleich 1.

$$\begin{pmatrix} 0{,}2 & 0{,}1 & 0{,}8 \\ 0{,}3 & 0{,}7 & 0{,}1 \\ 0{,}5 & 0{,}2 & 0{,}1 \end{pmatrix}$$

Summe: $= 1$ $\quad = 1$ $\quad = 1$

Mehrstufige Prozesse

Die Entwicklung von Austauschprozessen kann über größere Zeitspannen hinweg untersucht werden. Die Anfangsverteilung des durch die Übergangsmatrix M beschriebenen Austauschprozesses ist gegeben durch den **Startvektor** $\vec{x}_0$, dessen Elemente die Bestände in den verschiedenen Zuständen A, B, C, ... für t = 0 angeben. Damit können die Zustandsvektoren für spätere Zeitpunkte berechnet werden. Ist M dabei eine stochastische Matrix, so erhält man mit $\vec{x}_0, \vec{x}_1, \vec{x}_2, \vec{x}_3, \ldots$ eine **Markow-Kette**.

Zeit	Zustandsvektor
0	$\vec{x}_0$
1	$\vec{x}_1 = M \cdot \vec{x}_0$
2	$\vec{x}_2 = M \cdot \vec{x}_1 = M \cdot (M \cdot \vec{x}_0) = M^2 \cdot \vec{x}_0$
3	$\vec{x}_3 = M \cdot \vec{x}_2 = M \cdot (M^2 \cdot \vec{x}_0) = M \cdot (M \cdot (M \cdot \vec{x}_0)) = M^3 \cdot \vec{x}_0$
...	...
n	$\vec{x}_n = M \cdot (M \cdot \ldots \cdot (M \cdot \vec{x}_0)) = M^n \cdot \vec{x}_0$

Zurückliegende Zustände

Ist der Zustandsvektor $\vec{x}\,'$ zu einem durch die Matrix M beschriebenen Austauschprozess für einen Zeitpunkt gegeben, so kann die Verteilung $\vec{x}$ des vorherigen Zustands auf zwei Weisen berechnet werden:

1. Lösen des linearen Gleichungssystems $M \cdot \vec{x} = \vec{x}\,'$ nach den unbekannten Elementen von $\vec{x}$
2. Bestimmung der inversen Matrix M^{-1} und direkte Berechnung von $\vec{x} = M^{-1} \cdot \vec{x}\,'$

Stationäre Verteilung

Ein Zustandsvektor $\vec{x}_F$ zu einem durch die Matrix M beschriebenen Austauschprozess, für den gilt

$M \cdot \vec{x}_F = \vec{x}_F$,

heißt **stationäre Verteilung.** Der Vektor $\vec{x}_F$ ist damit ein **Fixvektor** der Matrix M, d. h. $\vec{x}_F$ ergibt sich als Lösung des linearen Gleichungssystems (hier für drei Zustände):

$$\begin{pmatrix} a_1 & b_1 & c_1 \\ a_2 & b_2 & c_2 \\ a_3 & b_3 & c_3 \end{pmatrix} \cdot \begin{pmatrix} x_{F1} \\ x_{F2} \\ x_{F3} \end{pmatrix} = \begin{pmatrix} x_{F1} \\ x_{F2} \\ x_{F3} \end{pmatrix} \wedge x_{F1} + x_{F2} + x_{F3} = 1 \Leftrightarrow \left| \begin{array}{rrrl} (a_1 - 1) \cdot x_{F1} + & b_1 \cdot x_{F2} + & c_1 \cdot x_{F3} & = 0 \\ a_2 \cdot x_{F1} + & (b_2 - 1) \cdot x_{F2} + & c_2 \cdot x_{F3} & = 0 \\ a_3 \cdot x_{F1} + & b_3 \cdot x_{F2} + & (c_3 - 1) \cdot x_{F3} & = 0 \\ x_{F1} + & x_{F2} + & x_{F3} & = 1 \end{array} \right|$$

Wenn in der Übergangsmatrix M selbst oder in irgendeiner ihrer Potenzen nur positive Koeffizienten auftreten, dann gilt der **Hauptsatz über Markow-Ketten:**

Die Folge der Matrixpotenzen von M, also $M^1, M^2, M^3, \ldots$ konvergiert gegen eine Grenzmatrix M^∞, deren Spalten alle gleich dem Fixvektor $\vec{x}_F$ der Matrix M sind.

Zyklische Prozesse

Bei zyklischen Prozessen wiederholen sich die Zustände fortwährend in gleicher Abfolge.

Ein durch die Matrix M beschriebener Austauschprozess heißt **zyklisch mit der Länge n,** falls es eine Matrixpotenz M^n gibt, sodass $M^n = E$, wobei E eine Einheitsmatrix ist.
Beispiel für n = 3:

M^1	M^2	$M^3 = E$
$M^4 = M \cdot M^3 = M \cdot E = M^1$	$M^5 = M^2 \cdot M^3 = M^2 \cdot E = M^2$	$M^6 = M^3 \cdot M^3 = E \cdot E = E$
...	...	...

Wahrscheinlichkeitsrechnung – Bedingte Wahrscheinlichkeiten

Vierfeldertafel und zugehörige Baumdiagramme

Zu jedem Baumdiagramm (mit zwei Stufen) existiert auch ein **umgekehrtes Baumdiagramm** mit vertauschter Reihenfolge der Stufen:

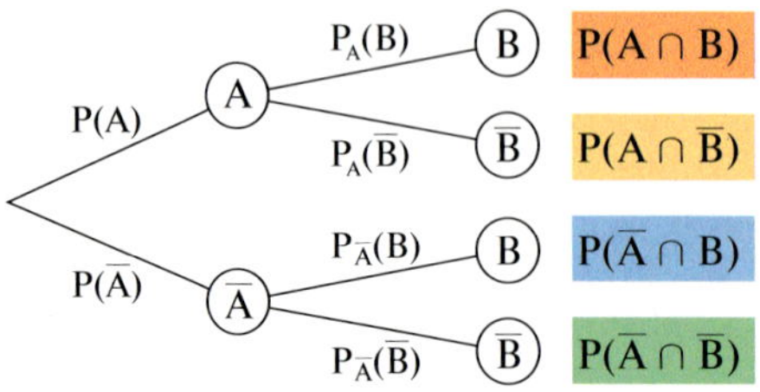

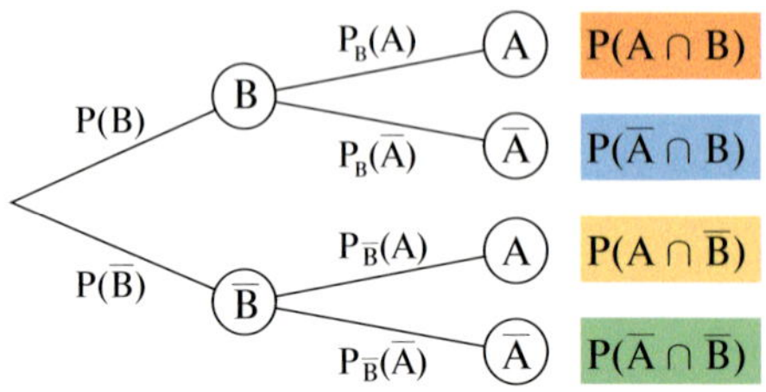

Zugehörige **Vierfeldertafel:** Die Wahrscheinlichkeiten der ersten Stufe eines Baumdiagramms stehen in den Randfeldern der Vierfeldertafel; die bedingten Wahrscheinlichkeiten der zweiten Stufe ergeben sich als Quotienten aus einem inneren Feld der Vierfeldertafel und einem Randfeld.

	B	$\overline{B}$	gesamt
A	$P(A \cap B)$	$P(A \cap \overline{B})$	$P(A)$
$\overline{A}$	$P(\overline{A} \cap B)$	$P(\overline{A} \cap \overline{B})$	$P(\overline{A})$
gesamt	$P(B)$	$P(\overline{B})$	1

Multiplikationsregel, stochastische Unabhängigkeit

Die Pfadmultiplikationsregel für einen 2-stufigen Zufallsversuch lautet: $P(A \cap B) = P(A) \cdot P_A(B)$, wobei $P_A(B)$ die **bedingte Wahrscheinlichkeit von B unter der Bedingung A**, d. h.

$P_A(B) = \frac{P(A \cap B)}{P(A)}$ (Definition der bedingten Wahrscheinlichkeit).

Gilt $P_A(B) = P(B)$, dann ist B **stochastisch unabhängig von A.** Allgemein heißen zwei Ereignisse A und B **stochastisch voneinander unabhängig,** wenn gilt: $P(A) \cdot P(B) = P(A \cap B)$, andernfalls stochastisch voneinander abhängig.

Allgemeine Multiplikationsregel: Besteht ein Zufallsversuch aus k Stufen, dann gilt für die Wahrscheinlichkeit eines Pfades, bei dem nacheinander die Ereignisse $E_1, E_2, \ldots, E_k$ eintreten:

$$P(E_1 \cap E_2 \cap \ldots \cap E_k) = P(E_1) \cdot P_{E_1}(E_2) \cdot P_{E_1 \cap E_2}(E_3) \cdot P_{E_1 \cap E_2 \cap E_3}(E_4) \cdot \ldots \cdot P_{E_1 \cap E_2 \cap \ldots \cap E_{k-1}}(E_k)$$

Satz von Bayes

Die bedingte Wahrscheinlichkeit $P_B(A) = \frac{P(A \cap B)}{P(B)}$ im umgekehrten Baumdiagramm kann man direkt berechnen:

$$P_B(A) = \frac{P(A) \cdot P_A(B)}{P(A) \cdot P_A(B) + P(\overline{A}) \cdot P_{\overline{A}}(B)}$$ **(Satz von Bayes)**

Dabei erfolgt die Berechnung der Wahrscheinlichkeit von P(B) gemäß

$P(B) = P(A \cap B) + P(\overline{A} \cap B) = P(A) \cdot P_A(B) + P(\overline{A}) \cdot P_{\overline{A}}(B)$

(Satz über die totale Wahrscheinlichkeit)

Verallgemeinerung des Satzes von Bayes: Ist $A_1, A_2, \ldots, A_n$ eine Zerlegung der Ergebnismenge S, d. h. es gilt: $A_1 \cup A_2 \cup \ldots \cup A_n = S$ und $A_i \cap A_j = \varnothing$, dann gilt:

$$P_B(A_i) = \frac{P(A_i \cap B)}{P(B)} = \frac{P(A_i) \cdot P_{A_i}(B)}{P(A_1) \cdot P_{A_1}(B) + P(A_2) \cdot P_{A_2}(B) + \ldots + P(A_n) \cdot P_{A_n}(B)}$$

Kombinatorik

Zählprinzip der Kombinatorik, verschiedene Fälle

Besteht ein Zufallsversuch aus k Stufen und ist die Zahl der möglichen Ergebnisse auf den einzelnen Stufen $m_1, m_2, \dots, m_k$, dann hat der Zufallsversuch $m_1 \cdot m_2 \cdot \ldots \cdot m_k$ mögliche Ergebnisse.

Anzahl der Möglichkeiten bei k Ziehungen aus einer Gesamtheit vom Umfang n:

Ziehung	Ziehung mit Wiederholung	Ziehung ohne Wiederholung	
mit Beachtung der Reihenfolge	n^k	$\frac{n!}{(n-k)!}$	*(Variationen)*
ohne Beachtung der Reihenfolge	$\binom{n+k-1}{k}$	$\binom{n}{k}$	*(Kombinationen)*

Fakultäten, Binomialkoeffizienten und binomischer Lehrsatz

Sonderfall Fakultäten:
Anzahl der Möglichkeiten, n Dinge anzuordnen = n! *(Permutationen)*

$0! = 1;\ n! = n \cdot (n-1)!$ für $n \geqq 1$, d. h.
$n! = n \cdot (n-1) \cdot (n-2) \cdot \ldots \cdot 3 \cdot 2 \cdot 1$

also: $1! = 1;\ 2! = 2;\ 3! = 6;\ 4! = 24;\ 5! = 120;\ 6! = 720 \ldots$

und $\frac{n!}{(n-k)!} = n \cdot (n-1) \cdot (n-2) \cdot \ldots \cdot (n-k+1)$

STIRLING'sche Formel für $n \geqq 10$: $n! \approx \sqrt{2\pi n} \cdot \left(\frac{n}{e}\right)^n \cdot \left(1 + \frac{1}{12n}\right)$

Sonderfall Binomialkoeffizienten:
Anzahl der k-elementigen *Teilmengen* einer n-elementigen Menge ist $\binom{n}{k}$, wobei

$$\binom{n}{k} = \frac{n!}{k!\,(n-k)!} = \frac{n \cdot (n-1) \cdot \ldots \cdot (n-k+1)}{k \cdot (k-1) \cdot \ldots \cdot 1};\quad n, k \in \mathbb{N},\ 0 \leqq k \leqq n$$

Eigenschaften:

(1) $\binom{n}{k} = \binom{n}{n-k}$ (Symmetrie)

(2) $\binom{n}{0} = \binom{n}{n} = 1$ (Randwerte)

(3) $\binom{n}{k} + \binom{n}{k+1} = \binom{n+1}{k+1}$ (Additionsprinzip)

(4) $\binom{n}{k} = \frac{n-k+1}{k} \cdot \binom{n}{k-1}$ (Rekursionsvorschrift)

PASCAL'sches Dreieck

1
1 1
1 2 1
1 3 3 1
1 4 6 4 1
1 5 10 10 5 1
1 6 15 20 15 6 1
1 7 21 35 35 21 7 1
1 8 28 56 70 56 28 8 1
1 9 36 84 126 126 84 36 9 1
1 10 45 120 210 252 210 120 45 10 1

Binomischer Lehrsatz:

$$(a+b)^n = \binom{n}{0} a^n b^0 + \binom{n}{1} a^{n-1} b^1 + \binom{n}{2} a^{n-2} b^2 + \ldots + \binom{n}{n-1} a^1 b^{n-1} + \binom{n}{n} a^0 b^n$$

Wahrscheinlichkeitsverteilungen

Diskrete und stetige Zufallsgröße, Wahrscheinlichkeitsverteilung, Dichtefunktion

Eine Zufallsgröße (Zufallsvariable) **X** ordnet jedem Ergebnis eines Zufallsversuchs eine reelle Zahl zu. Mit $X = k$ wird dasjenige Ereignis bestimmt, das alle Ergebnisse a enthält, für die $X(a) = k$ gilt.

Eine Funktion, die jedem möglichen Wert k, den die Zufallsgröße X annehmen kann, die Wahrscheinlichkeit $P(X = k)$ zuordnet, heißt **Wahrscheinlichkeitsverteilung (Verteilung) der Zufallsgröße X.**

Kann eine Zufallsgröße X endlich viele Werte (z. B. $X = 0, 1, \ldots, n$) oder abzählbar unendlich viele (z. B. $X = k$, $k \in \mathbb{N}$) annehmen, dann bezeichnet man sie als eine **diskrete Zufallsgröße.**

Besteht die Wertemenge einer Zufallsgröße X aus einem Intervall oder ist sie gleich $\mathbb{R}$, dann bezeichnet man sie als eine **stetige Zufallsgröße,** falls es eine **Dichtefunktion** f gibt mit folgenden Eigenschaften:

(1) $f(x) \geqq 0$ für alle $x \in \mathbb{R}$ (2) $P(X \leqq b) = \int_{-\infty}^{b} f(x)\,dx$ (3) $\int_{-\infty}^{+\infty} f(x)\,dx = 1$

Erwartungswert, Varianz und Standardabweichung einer Zufallsgröße

Nimmt eine Zufallsgröße X die Werte $a_1, a_2, \ldots, a_m$ mit den Wahrscheinlichkeiten $P(X = a_1)$, $P(X = a_2), \ldots, P(X = a_m)$ an, dann bezeichnet man den zu erwartenden Mittelwert der Zufallsgröße, also die mit den Wahrscheinlichkeiten gewichtete Summe aller Werte der Zufallsgröße, als **Erwartungswert E(X)** der Zufallsgröße X (andere Bezeichnung: μ):

$$E(X) = a_1 \cdot P(X = a_1) + a_2 \cdot P(X = a_2) + \ldots + a_m \cdot P(X = a_m) = \sum_{i=1}^{m} a_i \cdot P(X = a_i)$$

Die mittlere quadratische Abweichung der Werte der Zufallsgröße X vom Erwartungswert $\mu = E(X)$ wird als **Varianz V(X)** der Zufallsgröße X bezeichnet:

$$V(X) = (a_1 - \mu)^2 \cdot P(X = a_1) + (a_2 - \mu)^2 \cdot P(X = a_2) + \ldots + (a_m - \mu)^2 \cdot P(X = a_m)$$

und die Quadratwurzel aus V(X) als **Standardabweichung:** $\sigma = \sqrt{V(X)}$.

Vereinfachte Berechnung von V(X):

$$V(X) = \left[a_1^2 \cdot P(X = a_1) + a_2^2 \cdot P(X = a_2) + \ldots + a_m^2 \cdot P(X = a_m)\right] - \mu^2 = \sum_{i=1}^{m} a_i^2 \cdot P(X = a_i) - \mu^2$$

Im Falle einer stetigen Zufallsgröße X mit Dichtefunktion f definiert man analog:

$$E(X) = \int_{-\infty}^{+\infty} x \cdot f(x)\,dx \quad \text{und} \quad V(X) = \int_{-\infty}^{+\infty} (x - \mu)^2 \cdot f(x)\,dx = \int_{-\infty}^{+\infty} x^2 \cdot f(x)\,dx - \mu^2$$

Ungleichung von Tschebyscheff, Bernoulli'sches Gesetz der großen Zahlen

Ungleichung von Tschebyscheff: Abschätzung der Wahrscheinlichkeit dafür, dass die Werte einer beliebigen (nicht-konstanten) Zufallsgröße X um mehr als $z \cdot \sigma$ von μ abweichen:

$P(|X - \mu| > z \cdot \sigma) < \frac{1}{z^2}$, äquivalente Darstellung: $P(|X - \mu| \leqq z \cdot \sigma) > 1 - \frac{1}{z^2}$

Bernoulli'sches Gesetz der großen Zahlen: Für die Zufallsgröße X: *Anzahl der Erfolge bei einem n-stufigen Bernoulli-Versuch mit Erfolgswahrscheinlichkeit p und q = 1 − p* gilt:

$$P\left(\left|\frac{X}{n} - p\right| > \varepsilon\right) < \frac{p \cdot q}{n\varepsilon^2} \leqq \frac{1}{4n\varepsilon^2} \quad \text{und} \quad \lim_{n \to \infty} P\left(\left|\frac{X}{n} - p\right| \leqq \varepsilon\right) = 1$$

BERNOULLI-Versuche, Binomialverteilung

Unterscheidet man bei einem n-stufigen Zufallsversuch nur zwei Ergebnisse, die willkürlich als *Erfolg* bzw. *Misserfolg* (*Treffer* bzw. *Niete*) bezeichnet werden und verändert sich während des Versuchs die Wahrscheinlichkeit p für einen Erfolg bzw. $q = 1 - p$ für einen Misserfolg nicht, dann bezeichnet man diesen Zufallsversuch als **n-stufigen BERNOULLI-Versuch** oder als n-stufige BERNOULLI-Kette.

Im Modell einer Urnenziehung sind solche Voraussetzungen beim **Ziehen mit Zurücklegen** gegeben.

Die zugehörige Zufallsgröße X: *Anzahl der Erfolge beim n-stufigen BERNOULLI-Versuch* ist dann **binomialverteilt** mit **Erfolgswahrscheinlichkeit p**, d. h. es gilt:

Wahrscheinlichkeit für (genau) k Erfolge: $P(X = k) = \binom{n}{k} \cdot p^k q^{n-k}$ für $k = 0, 1, \ldots, n$

Iterative Berechnung der Wahrscheinlichkeiten:

$P(X = 0) = q^n$; $P(X = k) = \frac{n-k+1}{k} \cdot \frac{p}{q} \cdot P(X = k - 1)$ für $k = 1, 2, \ldots, n$

Wahrscheinlichkeit für mindestens einen Erfolg:
$P(X \geqq 1) = 1 - P(X = 0) = 1 - q^n = 1 - (1 - p)^n$

Zusammenhang mit dem binomischen Lehrsatz:

$$1 = (q + p)^n = \binom{n}{0} q^n + \binom{n}{1} p q^{n-1} + \binom{n}{2} p^2 q^{n-2} + \ldots + \binom{n}{n-1} p^{n-1} q + \binom{n}{n} p^n$$
$$= P(X = 0) + P(X = 1) + P(X = 2) + \ldots + P(X = n - 1) + P(X = n)$$

Erwartungswert und Standardabweichung einer binomialverteilten Zufallsgröße

Erwartungswert der Anzahl der Erfolge:
$E(X) = \mu = n \cdot p$
Varianz der Zufallsgröße X:
$V(X) = n \cdot p \cdot (1 - p) = n \cdot p \cdot q$
Standardabweichung der Zufallsgröße X:
$\sigma = \sqrt{n \cdot p \cdot q}$

Das **Maximum** k_{max} einer Binomialverteilung liegt in der Nähe des Erwartungswerts $\mu = n \cdot p$; genauer gilt:
$(n + 1) \cdot p - 1 \leqq k_{max} \leqq (n + 1) \cdot p$

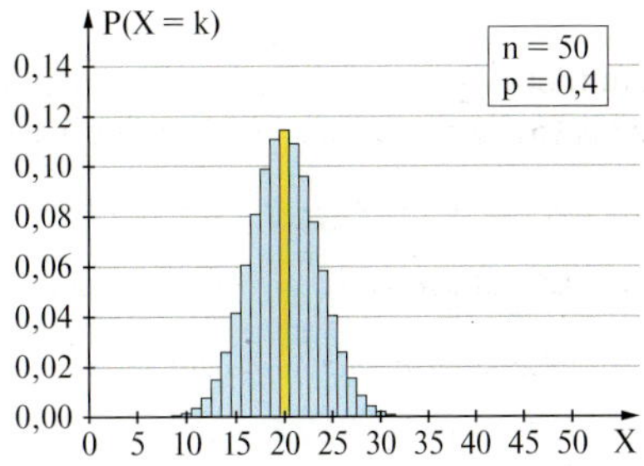

Kumulierte Binomialverteilung – Bestimmen von Intervall-Wahrscheinlichkeiten

Ereignis	Bedingung für X	Berechnung der Wahrscheinlichkeit
genau k Erfolge	$X = k$	$P(X \leqq k) - P(X \leqq k - 1)$
höchstens k Erfolge	$X \leqq k$	$P(X \leqq k)$
weniger als k Erfolge	$X < k$	$P(X \leqq k - 1)$
mehr als k Erfolge	$X > k$	$1 - P(X \leqq k)$
mindestens k Erfolge	$X \geqq k$	$1 - P(X \leqq k - 1)$
mindestens a, *höchstens* b Erfolge	$a \leqq X \leqq b$	$P(X \leqq b) - P(X \leqq a - 1)$

Wahrscheinlichkeitsberechnung beim Ziehen ohne Zurücklegen (hypergeometrische Verteilung)

Aus einer Urne mit K gelben (1. Merkmalsausprägung) und N − K grünen Kugeln (2. Merkmalsausprägung) werden nacheinander n Kugeln ohne Zurücklegen gezogen. Da die gezogenen Kugeln nicht zurückgelegt werden, ändert sich die Wahrscheinlichkeit für das Ziehen einer gelben Kugel *(Erfolg)* bzw. einer grünen Kugel *(Misserfolg)* von Stufe zu Stufe.

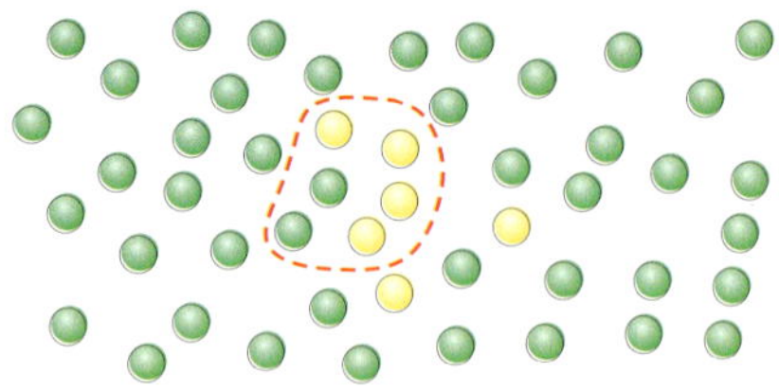

$K = 6;\ N - K = 43 \qquad n = 6;\ k = 4$

Die Zufallsgröße X: *Anzahl der gelben Kugeln in der Stichprobe (Anzahl der Merkmalsträger 1. Art; Anzahl der Erfolge)* ist dann **hypergeometrisch verteilt** mit

$P(X = k) = \frac{\binom{K}{k}\binom{N-K}{n-k}}{\binom{N}{n}}$ für $k = 0, 1, \ldots, n$ mit Erwartungswert $E(X) = \mu = n \cdot p = n \cdot \frac{K}{N}$.

Wenn das Verhältnis *Umfang der Gesamtheit* zu *Umfang der Stichprobe* sehr groß ist, dann kann für die Berechnung von Wahrscheinlichkeiten *näherungsweise* ein Binomialansatz mit Erfolgswahrscheinlichkeit $p = \frac{K}{N}$ verwendet werden.

Poisson-Näherung der Binomialverteilung

Für große n ($\geqq 100$) und kleine p ($\leqq 0{,}1$) lassen sich Wahrscheinlichkeiten einer Binomialverteilung näherungsweise mithilfe des Erwartungswerts $\mu = n \cdot p$ berechnen:

$P(X = k) \approx \frac{\mu^k}{k!} \cdot e^{\mu}$

Iterative Berechnung: $P(X = 0) \approx e^{\mu}$; $P(X = k) \approx \frac{\mu}{k} \cdot P(X = k - 1)$ für $k \geqq 1$

Normalverteilte Zufallsgröße – Dichtefunktion der Normalverteilung

Gauss'sche Dichtefunktion: $\varphi(x) = \frac{1}{\sqrt{2\pi}} \cdot e^{-\frac{x^2}{2}}$

Gauss'sche Integralfunktion: $\Phi(z) = \int_{-\infty}^{z} \varphi(x)\,dx$

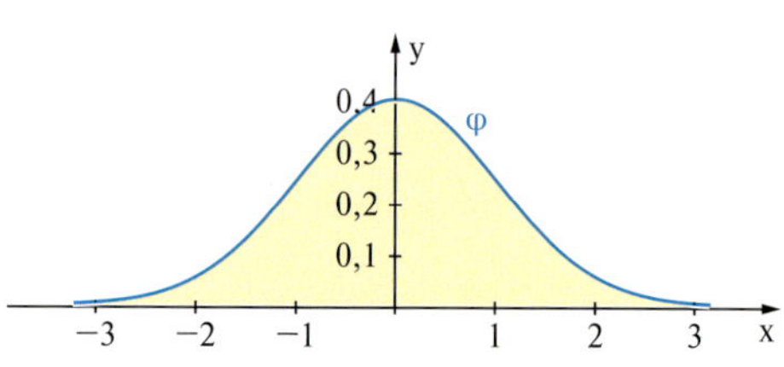

Dichtefunktion der Normalverteilung mit Erwartungswert μ und Standardabweichung σ:

$\varphi_{\mu;\sigma}(x) = \frac{1}{\sigma} \cdot \varphi\left(\frac{x-\mu}{\sigma}\right) = \frac{1}{\sigma\sqrt{2\pi}} \cdot e^{-\frac{1}{2}\left(\frac{x-\mu}{\sigma}\right)^2}$

Für die standardisierte Zufallsgröße $Z = \frac{X - \mu}{\sigma}$ gilt: $\mu = 0, \sigma = 1$.

Eine stetige Zufallsgröße X heißt **normalverteilt** mit Erwartungswert μ und Standardabweichung σ, wenn für alle Wahrscheinlichkeiten gilt:

$P(a \leqq X \leqq b) = \int_a^b \varphi_{\mu;\sigma}(x)\,dx.$

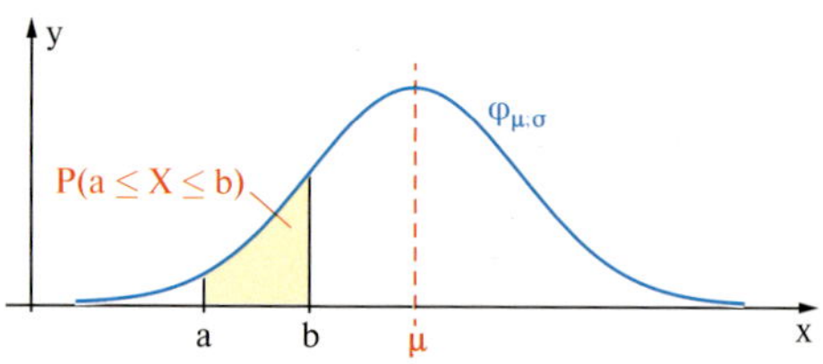

Näherungsformeln von Moivre und Laplace

Für hinreichend großes n lassen sich die Histogramme von Binomialverteilungen durch stetige Kurven approximieren. Die Wahrscheinlichkeitsberechnung wird dann durch Ablesen von Funktionswerten (lokal) bzw. durch Bestimmen von Flächeninhalten (integral) unter den stetigen Kurven ersetzt.

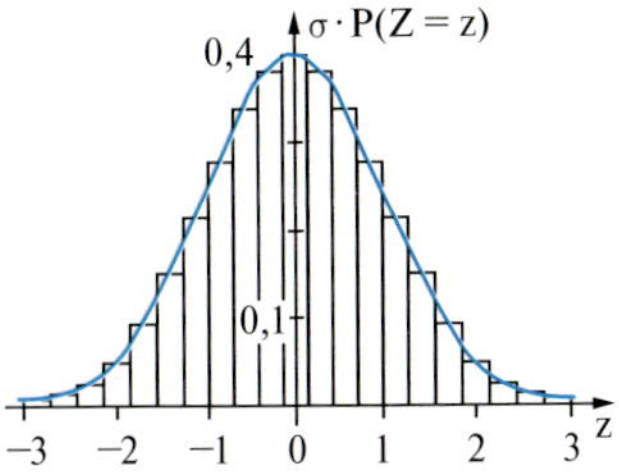

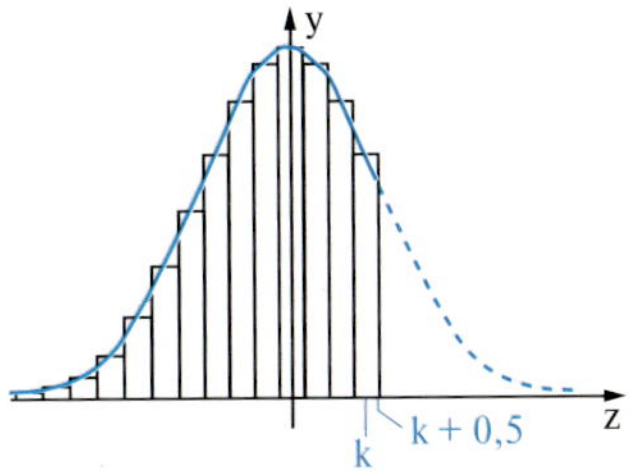

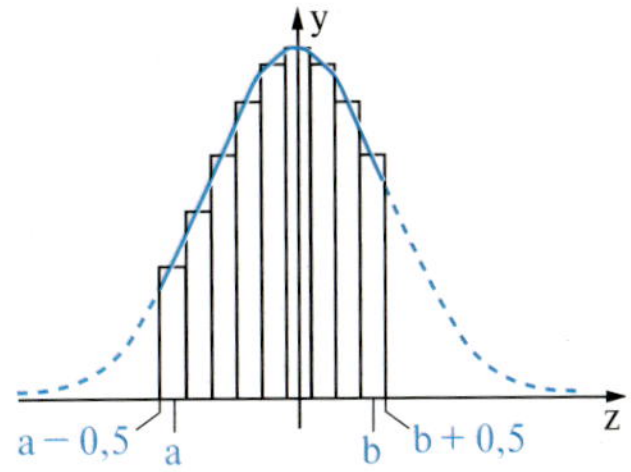

Lokale Näherungsformel:
Wahrscheinlichkeit für *genau k Erfolge*:

$$P(X = k) \approx \frac{1}{\sigma} \cdot \varphi\left(\frac{k - \mu}{\sigma}\right)$$

Integrale Näherungsformel:
Wahrscheinlichkeit für *höchstens k Erfolge*:

$$P(X \leqq k) \approx \Phi\left(\frac{k + 0{,}5 - \mu}{\sigma}\right)$$

$$P(a \leqq X \leqq b) \approx \Phi\left(\frac{b + 0{,}5 - \mu}{\sigma}\right) - \Phi\left(\frac{a - 0{,}5 - \mu}{\sigma}\right)$$

$$P(X = k) \approx \Phi\left(\frac{k + 0{,}5 - \mu}{\sigma}\right) - \Phi\left(\frac{k - 0{,}5 - \mu}{\sigma}\right)$$

Sigma-Regeln – Approximation der Binomialverteilung durch die Normalverteilung

Wenn die Laplace-Bedingung erfüllt ist ($\sigma = \sqrt{n \cdot p \cdot (1 - p)} > 3$), dann gelten *näherungsweise* folgende **Wahrscheinlichkeiten für die Sigma-Umgebungen des Erwartungswerts** einer Binomialverteilung (Faustregeln):

$P(\mu - 1\sigma \leqq X \leqq \mu + 1\sigma) \approx 0{,}683$
$P(\mu - 2\sigma \leqq X \leqq \mu + 2\sigma) \approx 0{,}955$
$P(\mu - 3\sigma \leqq X \leqq \mu + 3\sigma) \approx 0{,}997$

$P(\mu - 1{,}64\sigma \leqq X \leqq \mu + 1{,}64\sigma) \approx 0{,}90$
$P(\mu - 1{,}96\sigma \leqq X \leqq \mu + 1{,}96\sigma) \approx 0{,}95$
$P(\mu - 2{,}58\sigma \leqq X \leqq \mu + 2{,}58\sigma) \approx 0{,}99$

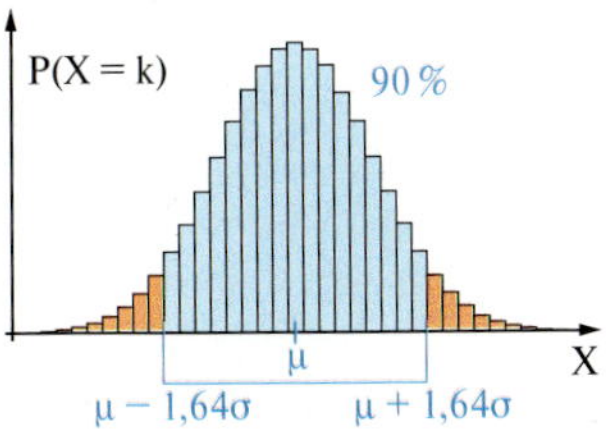

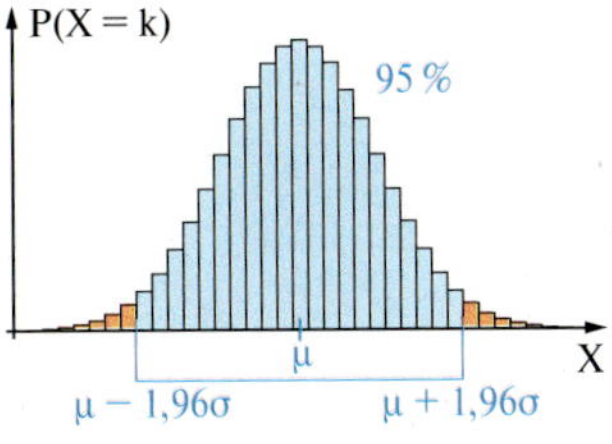

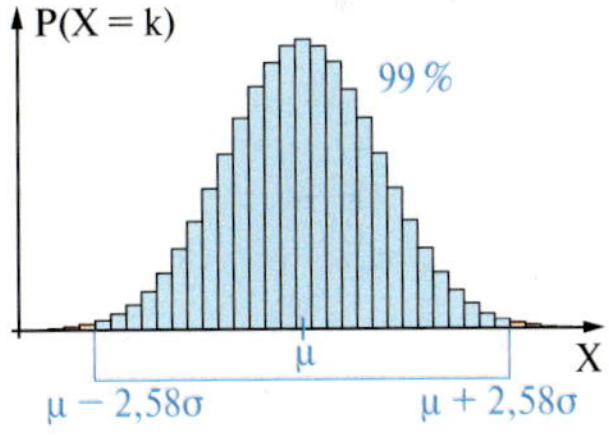

Sigma-Regeln für einseitige Umgebungen

$P(X < \mu - 1{,}64\sigma) = P(X > \mu + 1{,}64\sigma) \approx 0{,}05$
$P(X < \mu - 1{,}96\sigma) = P(X > \mu + 1{,}96\sigma) \approx 0{,}025$

$P(X < \mu - 1{,}28\sigma) = P(X > \mu + 1{,}28\sigma) \approx 0{,}10$
$P(X < \mu - 2{,}33\sigma) = P(X > \mu + 2{,}33\sigma) \approx 0{,}01$

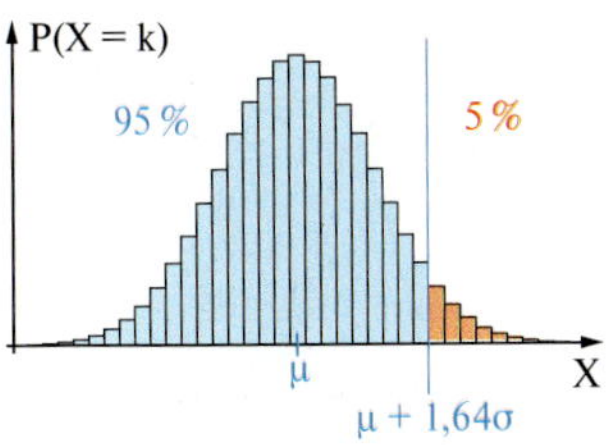

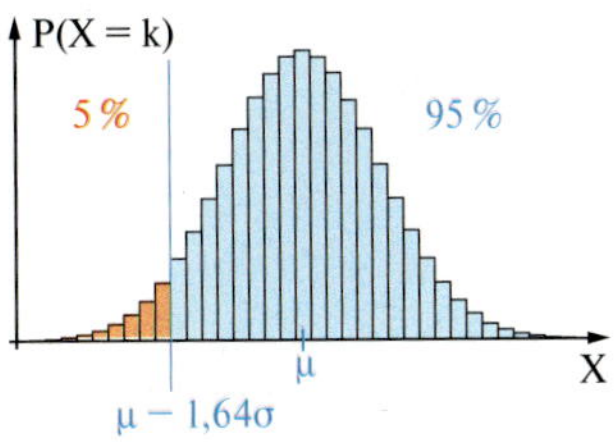

Beurteilende Statistik

Schluss von der Gesamtheit auf die Stichprobe – Prognose über zu erwartende Häufigkeiten

Voraussetzung: Von einer Gesamtheit ist bekannt, mit welchem Anteil p eine bestimmten Merkmalsausprägung auftritt; eine Stichprobe vom Umfang n soll genommen werden. Diese Stichprobennahme kann mithilfe einer Binomialverteilung mit den Parametern n und p modelliert werden.

Grundfrage: Welche Ergebnisse sind zu erwarten? (Prognose über zu erwartende absolute und relative Häufigkeiten)

Punktschätzung: Es werden ungefähr μ Erfolge auftreten, die relative Häufigkeit $\frac{X}{n}$ der Anzahl der Erfolge ist ungefähr p.

Intervallschätzung: Mit der **Sicherheitswahrscheinlichkeit** γ gilt für die Anzahl X der Erfolge:
$P(\mu - z \cdot \sigma \leqq X \leqq \mu + z \cdot \sigma) \approx \gamma$, vgl. Sigma-Regeln.

Für die relative Häufigkeit $\frac{X}{n}$ der Anzahl der Erfolge gilt also: $P\left(p - z \cdot \frac{\sigma}{n} \leqq \frac{X}{n} \leqq p + z \cdot \frac{\sigma}{n}\right) \approx \gamma$

Liegt das Ergebnis einer Stichprobe in dem prognostizierten Intervall, dann bezeichnet man es als **verträglich** mit der zugrunde liegenden Erfolgswahrscheinlichkeit p.

Weicht das Ergebnis einer Stichprobe um mehr als $1{,}96 \cdot \sigma$ vom Erwartungswert μ ab, dann bezeichnet man es als **signifikant abweichend.**

Abweichungen um mehr als $2{,}58 \cdot \sigma$ (bzw. $2{,}58 \cdot \frac{\sigma}{n}$) werden als **hochsignifikant** bezeichnet.

Die Wahrscheinlichkeit $1 - \gamma$, mit der das Stichprobenergebnis nicht in den prognostizierten Bereich fallen wird, ist das sogenannte **Signifikanzniveau** (i. A. 5 %).

Testen einer zweiseitigen Hypothese (Signifikanztest)

Voraussetzung: Man geht davon aus, dass man den Anteil p kennt, mit dem eine bestimmte Merkmalsausprägung in einer Gesamtheit auftritt; eine Stichprobe vom Umfang n soll genommen werden. Diese Stichprobennahme kann mithilfe einer Binomialverteilung mit den Parametern n und p modelliert werden.

Grundfrage: Liegt dem Zufallsversuch tatsächlich die Erfolgswahrscheinlichkeit p zugrunde?

Entscheidungsregel: Beim Testen einer zweiseitigen Hypothese (Signifikanztest) entscheidet man *schematisch* nach folgender Regel:
Verwirf die Hypothese H_0, wenn das Stichprobenergebnis signifikant nach oben oder nach unten abweicht.

Durch die Entscheidungsregel und das gewählte Signifikanzniveau werden ein unterer und ein oberer **kritischer Wert** bestimmt und damit zwei Bereiche festgelegt: der sogenannte **Verwerfungsbereich V** der Hypothese (außen) und der **Annahmebereich A** (innen).

- Liegt das Ergebnis im Verwerfungsbereich V, dann nimmt man dies zum Anlass, an der Richtigkeit der Hypothese zu zweifeln und verwirft die Hypothese.
- Liegt das Ergebnis im Annahmebereich A, dann ist es *verträglich* mit der hypothetischen Erfolgswahrscheinlichkeit. Dann ist die Hypothese zwar nicht *bestätigt*, aber das Ergebnis gibt keinen Anlass, an der Richtigkeit der Hypothese zu zweifeln.

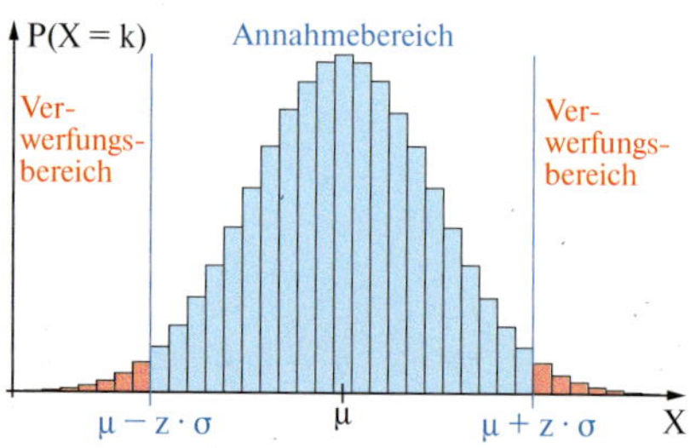

Fehler beim Testen von Hypothesen

Die Entscheidung gemäß der Entscheidungsregel kann fehlerhaft sein:

	Versuchsergebnis liegt im Annahmebereich: Man entscheidet sich dafür, die Hypothese weiterhin für richtig anzusehen.	Versuchsergebnis liegt im Verwerfungsbereich: Man entscheidet sich für das logische Gegenteil der Hypothese.
Die Hypothese ist wahr.	Entscheidung richtig	Entscheidung falsch **(Fehler 1. Art)**
Die Hypothese ist falsch.	Entscheidung falsch **(Fehler 2. Art)**	Entscheidung richtig

Bezeichnungen: α = Wahrscheinlichkeit für Fehler 1. Art; β = Wahrscheinlichkeit für Fehler 2. Art

Sicherheitswahrscheinlichkeit γ und Fehlerwahrscheinlichkeit α: Die Wahrscheinlichkeit α ist durch Vorgabe der Sicherheitswahrscheinlichkeit γ begrenzt (und umgekehrt): Beträgt die Sicherheitswahrscheinlichkeit γ *mindestens 95 %*, dann ist die Fehlerwahrscheinlichkeit α *höchstens 5 %*.

Operationscharakteristik eines Tests: Graph der Funktion, bei der jeder Erfolgswahrscheinlichkeit p_1 die Wahrscheinlichkeit $\beta = P_{p=p_1}(A)$ für einen Fehler 2. Art zugeordnet wird.

Bedeutung von α: Führt man den Zufallsversuch oft durch und entscheidet schematisch gemäß der Entscheidungsregel, so ist α der Anteil der falschen Entscheidungen im Sinne eines Fehlers 1. Art.

Testen einer einseitigen Hypothese

Unterschiedliche Standpunkte: Beim einseitigen Hypothesentest stehen zwei gegensätzliche Standpunkte einander gegenüber. Aus dem Sachverhalt ergeben sich zwei gleichrangige Hypothesen, die jeweils Gegenhypothesen zueinander sind.

Auswahl der Hypothese: Im eigenen Interesse liegt es, die Hypothese so zu wählen, dass der Fehler, der einem am meisten schadet, zum Fehler 1. Art wird, da man die Wahrscheinlichkeit dieses Fehlers begrenzen kann (z. B. auf 5 %), während bei einem Fehler 2. Art das Risiko sehr groß werden kann. Wenn man eine bestimmte Hypothese „statistisch beweisen" will, geht man vom logischen Gegenteil dieser Hypothese aus und testet diese – in der Hoffnung, diese verwerfen zu können.

Einseitige Hypothese H_0: $p \geqq p_0$ (mindestens)

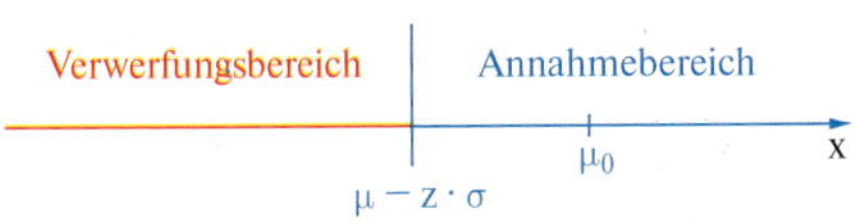

Die Hypothese H_0: $p \geqq p_0$ wird verworfen, wenn extrem kleine Stichprobenergebnisse vorliegen.

zu bestätigende Vermutung	zu testende Hypothese	Verwerfungsbereich ($\alpha \leqq 0{,}05$)
$p < p_0$	$p \geqq p_0$	$X < \mu_0 - 1{,}64\sigma_0$
$p \leqq p_0$	$p > p_0$	$X \leqq \mu_0 - 1{,}64\sigma_0$

Einseitige Hypothese H_0: $p \leqq p_0$ (höchstens)

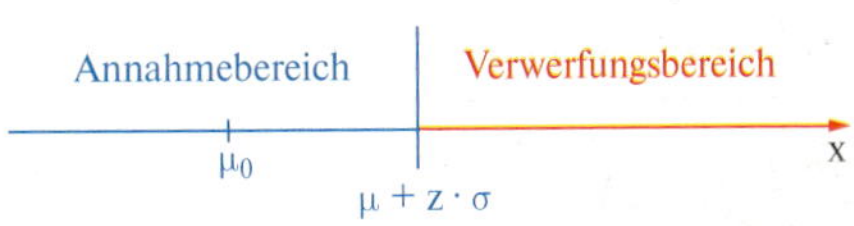

Die Hypothese H_0: $p \leqq p_0$ wird verworfen, wenn extrem große Stichprobenergebnisse vorliegen.

zu bestätigende Vermutung	zu testende Hypothese	Verwerfungsbereich ($\alpha \leqq 0{,}05$)
$p > p_0$	$p \leqq p_0$	$X > \mu_0 + 1{,}64\sigma_0$
$p \geqq p_0$	$p < p_0$	$X \geqq \mu_0 + 1{,}64\sigma_0$

Bei einer Irrtumswahrscheinlichkeit von maximal 5 % muss geprüft werden, ob das Stichprobenergebnis oberhalb von $\mu + 1{,}64\sigma$ bzw. unterhalb von $\mu - 1{,}64\sigma$ liegt; vgl. Sigma-Regeln für einseitige Umgebungen.

Bestimmung eines genügend großen Stichprobenumfangs – Genauigkeit einer Stichprobe

Voraussetzung: Um den Anteil p zu bestimmen, mit dem eine bestimmte Merkmalsausprägung in einer Gesamtheit auftritt, soll eine Stichprobe vom Umfang n genommen werden. Diese Stichprobennahme kann mithilfe einer Binomialverteilung mit den Parametern n und p modelliert werden.

Grundfrage: Wie groß ist der Stichprobenumfang zu wählen, damit der Anteil in der Gesamtheit mit einer gewissen Genauigkeit geschätzt werden kann?

Bedeutung der Sprechweise „auf ... Prozent(punkte) genau“: Der Anteil $\frac{X}{n}$ in der Stichprobe soll sich z. B. um höchstens 1 Prozentpunkt vom (zugrunde liegenden) Anteil p in der Gesamtheit unterscheiden, d. h. es soll gelten: $\left|\frac{X}{n} - p\right| \leqq 0{,}01$.

Ansatz: Aus $1{,}96 \cdot \frac{\sigma}{n} \leqq 0{,}01$ erhält man durch Umformen $\left(\frac{1{,}96}{0{,}01}\right)^2 \cdot p \cdot (1-p) \leqq n$.

Im ungünstigsten Fall (p = 0,5) muss $\left(\frac{1{,}96}{0{,}01}\right)^2 \cdot 0{,}25 \leqq n$ gewählt werden.

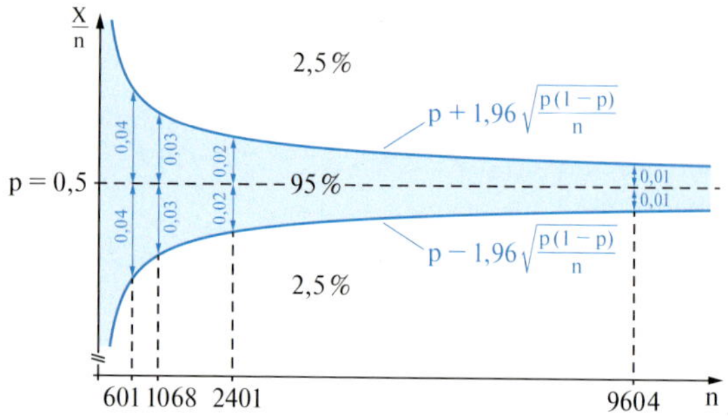

Bedeutung des berechneten Werts von n: Die geforderte Genauigkeit kann nicht garantiert werden, wenn tatsächlich eine Stichprobe vom Umfang n durchgeführt wird. Der berechnete Mindest-Stichprobenumfang geht von der Annahme aus, dass das Ergebnis in der geplanten Stichprobe nicht signifikant von μ abweichen wird.

Schluss von der Stichprobe auf die Gesamtheit – Bestimmen eines Konfidenzintervalls

Voraussetzung: In einer Gesamtheit wird eine Stichprobe vom Umfang n genommen; eine bestimmte Merkmalsausprägung tritt mit der relativen Häufigkeit $\frac{X}{n}$ auf. Diese Stichprobennahme kann mithilfe einer Binomialverteilung mit den Parametern n und p modelliert werden.

Grundfrage: Wie groß ist der Anteil in der Gesamtheit?

95 %-Konfidenzintervall: Gesucht sind alle Anteile (Erfolgswahrscheinlichkeiten) p, für die das Stichprobenergebnis $\frac{X}{n}$ ein mit p *verträgliches* Ergebnis ist.

Um alle diese p zu finden, muss die Ungleichung $|X - \mu| \leqq 1{,}96 \cdot \sqrt{n\,p\,(1-p)}$ für die absolute Häufigkeit X bzw. die Ungleichung $\left|\frac{X}{n} - p\right| \leqq 1{,}96 \cdot \frac{\sqrt{n\,p\,(1-p)}}{n}$ für die relative Häufigkeit $\frac{X}{n}$ gelöst werden.

Die Lösung, das **95 %-Konfidenzintervall** (auch 95 %-Vertrauensintervall genannt), umfasst ein Intervall $[p_{min}; p_{max}]$ von Werten für p, in deren 1,96σ-Umgebung das Stichprobenergebnis liegt.

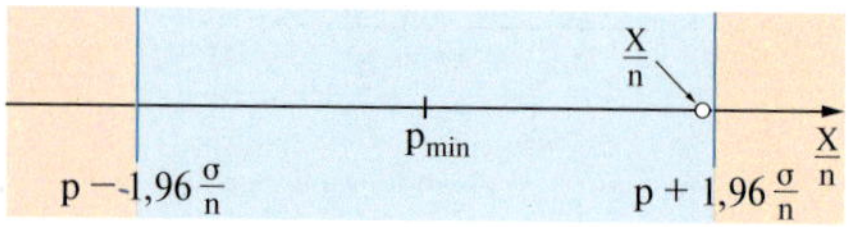

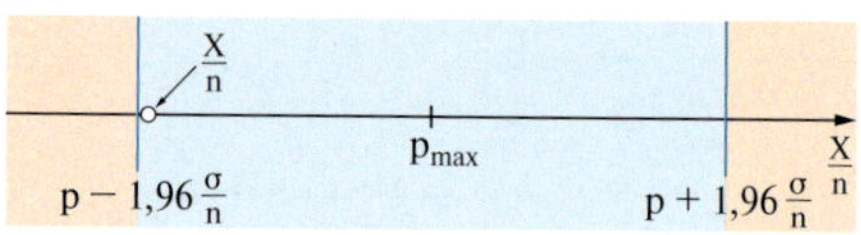

Bedeutung des Konfidenzintervalls: Beim gewählten Ansatz geht man davon aus, dass das Stichprobenergebnis X in der 95 %-Umgebung des tatsächlichen Wertes von μ liegt. Das Verfahren zur Bestimmung eines Schätzintervalls für p kann also prinzipiell nur in 95 % der Fälle zu einem Intervall führen, welches das wahre p enthält.

Testen des Stichprobenmittels bei normalverteilten Zufallsgrößen

Voraussetzung: Die Zufallsgröße X sei normalverteilt mit Erwartungswert μ und Standardabweichung σ. Ein Zufallsversuch werde n-mal durchgeführt und das Stichprobenmittel $\overline{X} = \frac{1}{n}(X_1 + \ldots + X_n)$ berechnet, also das arithmetische Mittel der n Stichprobenergebnisse.

Aussage über das Stichprobenmittel $\overline{X}$:
$\overline{X}$ ist ebenfalls normalverteilt mit Erwartungswert $\mu_{\overline{X}} = E(\overline{X}) = E(X) = \mu_X$ und Standardabweichung

$\sigma_{\overline{X}} = \sqrt{V(\overline{X})} = \sqrt{\frac{1}{n}V(X)} = \frac{\sigma_X}{\sqrt{n}}$, d. h. Wahrscheinlichkeitsaussagen über $\overline{X}$ sind möglich, z. B.

$P\left(\left|\overline{X} - \mu_X\right| \leqq 1{,}96\frac{\sigma_X}{\sqrt{n}}\right) \approx 0{,}95.$

Polynomialverteilungen und χ^2-Anpassungstest

Analog zu Bernoulli-Versuchen betrachtet man allgemein n-stufige Zufallsversuche, die auf jeder Stufe r mögliche Ergebnisse haben und die mit festen Erfolgswahrscheinlichkeiten $p_1, p_2, \ldots, p_r$ eintreten. Ergebnisse eines solchen Zufallsversuchs werden als r-Tupel notiert, wobei $f = r - 1$ **Anzahl der Freiheitsgrade**.

Wahrscheinlichkeitsberechnung gemäß Polynomialansatz (Multinomialansatz):

$$P(X_1 = k_1, X_2 = k_2, \ldots, X_r = k_r) = \binom{n}{k_1, k_2, \ldots, k_r} \cdot p_1^{k_1} \cdot p_1^{k_2} \cdot \ldots \cdot p_1^{k_r}$$

wobei $\binom{n}{k_1, k_2, \ldots, k_r} = \frac{n!}{k_1! \cdot k_2! \cdot \ldots \cdot k_r!}$ (Polynomial- oder Multinomial-Koeffizient).

Testverfahren: Wie beim zweiseitigen Hypothesentest vergleicht man die absoluten Häufigkeiten H_i, mit denen die einzelnen Merkmalsausprägungen auftreten, mit den zugehörigen Erwartungswerten $\mu_i = n \cdot p_i$ oder die relativen Häufigkeiten h_i mit den Erfolgswahrscheinlichkeiten p_i mithilfe der Zufallsgröße χ^2:

$$\chi^2 = \sum_{i=1}^{r} \frac{(H_i - \mu_i)^2}{\mu_i} = n \cdot \sum_{i=1}^{r} \frac{(h_i - p_i)^2}{p_i} = \frac{1}{n}\left(\sum_{i=1}^{r} \frac{H_i^2}{p_i}\right) - n$$

Entscheidungsregel: Verwirf die Hypothese *Dem Zufallsversuch liegen die Erfolgswahrscheinlichkeiten $p_1, p_2, \ldots, p_r$ zugrunde*, wenn χ^2 größer ist als der **kritische Wert C_f.**

In der Abbildung rechts ist der Annahmebereich der Hypothese $p_1 = 0{,}5$; $p_2 = 0{,}25$ (und $p_3 = 0{,}25$) bei einem 60-stufigen Polynomialversuch dargestellt.

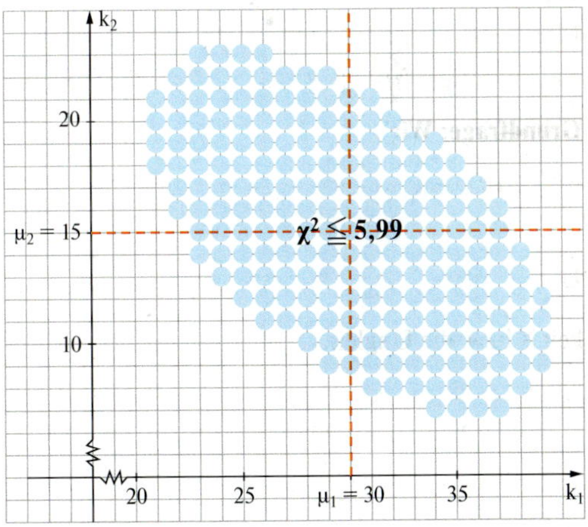

$f = r - 1$	1	2	3	4	5	6	7	8
C_f für $P(\chi^2 > C_f) = 0{,}05$	3,84	5,99	7,81	9,49	11,07	12,59	14,07	15,51
C_f für $P(\chi^2 > C_f) = 0{,}01$	6,63	9,21	11,34	13,28	15,09	16,81	18,48	20,09

Mechanik

Bewegungen

Geschwindigkeit v der gleichförmigen Bewegung

$v = \frac{s}{t}$ Einheit: $1\,\frac{m}{s}$

s, Δs: zurückgelegter Weg
t, Δt: benötigte Zeitspanne

Durchschnittsgeschwindigkeit $\overline{v}$

$\overline{v} = \frac{\Delta s}{\Delta t} = \frac{s_2 - s_1}{t_2 - t_1}$

Beschleunigung a der gleichmäßig beschleunigten Bewegung

$a = \frac{v}{t}$ Einheit: $1\,\frac{m}{s^2}$

v: erreichte Geschwindigkeit
Anfangsbedingung: $t = 0$ s; $v = 0\,\frac{m}{s}$

Kräfte

Grundgleichung der Mechanik (2. Newton-Gesetz)

$F = m \cdot a$ Einheit: $1\,N = 1\,\frac{kg \cdot m}{s^2}$

F: Kraft a: Beschleunigung
m: Masse

Gewichtskraft F_G

$F_G = m \cdot g$

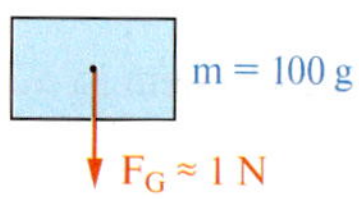

g: Ortsfaktor

Hooke'sches Gesetz

$F = D \cdot s$

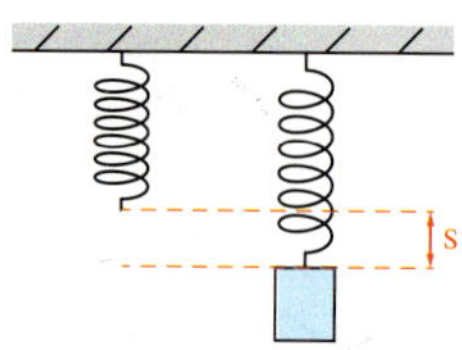

Im Elastizitätsbereich einer Feder sind die Zugkraft F und die Verlängerung s der Feder zueinander proportional. Der Proportionalitätsfaktor wird als Federkonstante D bezeichnet.

Hangabtriebskraft F_H und Normalkraft F_N bei der schiefen Ebene

$F_H = F_G \cdot \sin(\alpha)$
$F_N = F_G \cdot \cos(\alpha)$

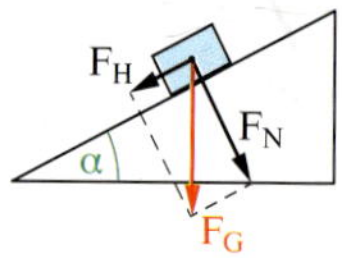

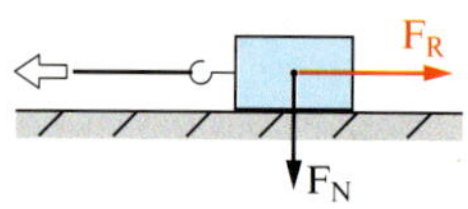

α: Neigungswinkel

Reibungkraft F_R

$F_R = \mu \cdot F_N$

μ: Haft-/Gleitreibungskoeffizient

Drehmoment M

$M = r \cdot F_\perp$
mit $F_\perp = F \cdot \sin(\alpha)$

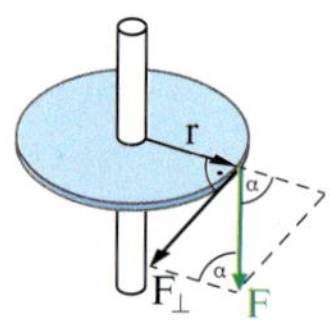

Einheit: 1 Nm

r: Abstand des Angriffspunkts der Kraft von der Drehachse
$F_\perp$: rechtwinklig am Hebelarm angreifende Kraft
F: unter dem Winkel α am Hebelarm angreifende Kraft

Hebelgesetz

$r_1 \cdot F_1 = r_2 \cdot F_2$

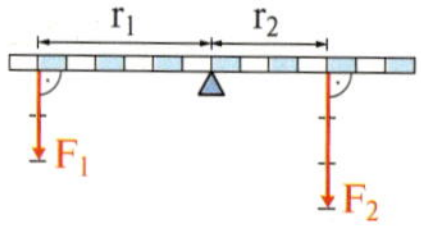

Ein Hebel ist im Gleichgewicht, wenn die Beträge des links- und des rechtdrehenden Drehmoments übereinstimmen.

Mechanische Arbeit, Leistung und Energie

Mechanische Arbeit W

$W = F_s \cdot s$
mit $F_s = F \cdot \cos(\alpha)$
Einheit: 1 J = 1 Nm

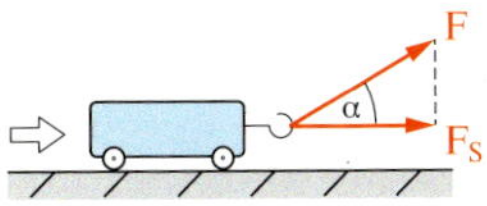

s: Länge des Weges
F_s: in Richtung des Weges wirkende konstante Kraft
F: unter dem Winkel α zum Weg angreifende Kraft

Mechanische Leistung P

$P = \frac{W}{t}$ — Einheit: $1\ W = 1\ \frac{Nm}{s}$

t: Zeitspanne W: verrichtete Arbeit

Potentielle Energie (Lageenergie) E_{pot}

$E_{pot} = m \cdot g \cdot h$ — Einheit: 1 J

m: Masse
g: Ortsfaktor
h: Hubhöhe

Kinetische Energie (Bewegungsenergie) E_{kin}

$E_{kin} = \frac{1}{2} m \cdot v^2$ — Einheit: 1 J

m: Masse
v: Geschwindigkeit

Spannenergie E_s bei elastischer Verformung

$E_S = \frac{1}{2} D \cdot s^2$ — Einheit: 1 J

D: Federkonstante
s: Verlängerung der Feder

Energieerhaltungssatz

$E_{ges} = E_{kin} + E_{pot} + E_S = \text{konst.}$ — In einem abgeschlossenen System ist die Summe aller Energien zu jedem Zeitpunkt konstant.

Wirkungsgrad η

$\eta = \frac{E_{nutz}}{E_{zu}} = \frac{W_{nutz}}{W_{zu}} = \frac{P_{nutz}}{P_{zu}}$ — Einheit: 1

E, W, P_{nutz}: nutzbare (abgegebene) Energie, Arbeit, Leistung
E, W, P_{zu}: zugeführte (aufgewendete) Energie, Arbeit, Leistung

Druck und Auftrieb in Flüssigkeiten und Gasen

Druck p (Definition)

$p = \frac{F}{A}$ — Einheit: $1\ Pa = 1\ \frac{N}{m^2}$

F: senkrecht zur Fläche wirkende Kraft
A: Fläche

Dichte eines homogenen Körpers/Stoffes

$\varrho = \frac{m}{V}$ — Einheit: $1\ \frac{kg}{m^3}$

m: Masse
V: Volumen

Schweredruck p

$p = \varrho \cdot g \cdot h$ — Einheit: $1\ Pa = 1\ \frac{N}{m^2}$

ϱ: Dichte
g: Ortsfaktor
h: Höhe der Flüssigkeits- oder Luftsäule

Auftriebskraft F_A

$F_A = \varrho_{Fl} \cdot V_K \cdot g$ — Einheit: 1 N

$\varrho_K < \varrho_{Fl}$: Körper steigt
$\varrho_K = \varrho_{Fl}$: Körper schwebt
$\varrho_K > \varrho_{Fl}$: Körper sinkt

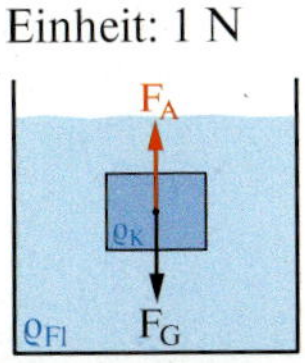

ϱ_{Fl}: Dichte der Flüssigkeit
ϱ_K: Dichte des Körpers
V_K: Volumen des Körpers
g: Ortsfaktor

Elektrizitätslehre

Gleichstromkreise

Elektrische Stromstärke I

$I = \frac{Q}{t}$ — Einheit: $1\,A = 1\,\frac{C}{s}$ — Q: bewegte Ladungsmenge; t: Zeitspanne

Elektrische Spannung U

$U = \frac{W}{Q}$ — Einheit: $1\,V = 1\,\frac{J}{C}$ — Q: Ladungsmenge; W: an der Ladung verrichtete Arbeit

Elektrischer Widerstand R

$R = \frac{U}{I}$ — Einheit: $1\,\Omega = 1\,\frac{V}{A}$ — U: Spannung; I: Stromstärke

$R = \varrho \cdot \frac{l}{A}$ — Elektrischer Widerstand eines langen Leiters — ϱ: spezifischer Widerstand; l: Länge des Leiters; A: Querschnittsfläche des Leiters

OHM'sches Gesetz: Bei konstanter Temperatur eines metallischen Leiters sind Spannung U und Stromstärke I zueinander proportional (U ~ I).

Elektrische Arbeit W_{el} und Leistung P

$W_{el} = U \cdot I \cdot t$ — Einheit: 1 J

$P = \frac{W_{el}}{t} = U \cdot I$ — Einheit: 1 W

U: Spannung; I: Stromstärke; t: Zeitspanne

Reihenschaltung von Widerständen

$U_{ges} = U_1 + U_2 + \ldots + U_n$

$I = I_1 = I_2 = \ldots = I_n$

$R_{Ersatz} = R_1 + R_2 + \ldots + R_n$

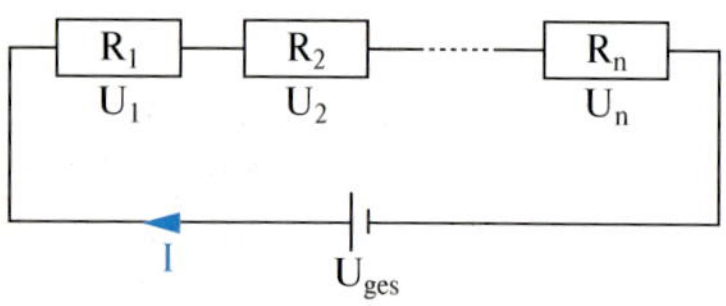

Parallelschaltung von Widerständen

$U = U_1 = U_2 = \ldots = U_n$

$I_{ges} = I_1 + I_2 + \ldots + I_n$

$\frac{1}{R_{Ersatz}} = \frac{1}{R_1} + \frac{1}{R_2} + \ldots + \frac{1}{R_n}$

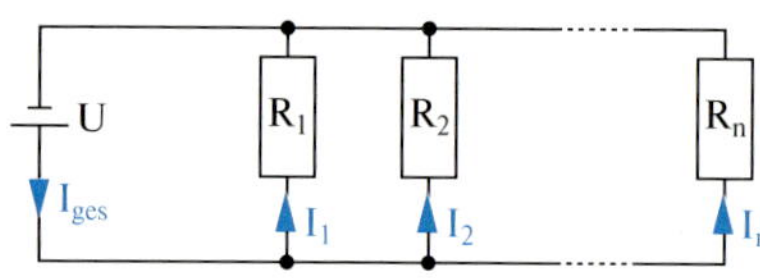

Optik

Reflexion und Brechung von Licht

Reflexionsgesetz

$\alpha = \alpha'$

Brechungsindex n

$n = \frac{c_{Vakuum}}{c_{Medium}}$

Brechungsgesetz

$\frac{\sin(\alpha)}{\sin(\beta)} = \frac{n_2}{n_1} = \frac{c_1}{c_2}$

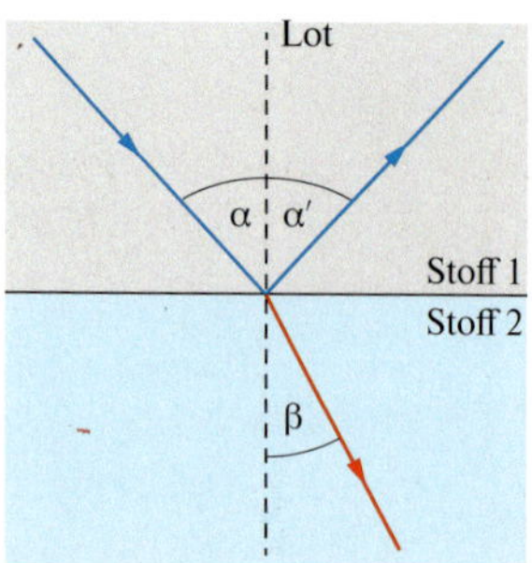

α: Einfallswinkel
α': Reflexionswinkel

c_{Vakuum}: Lichtgeschwindigkeit im Vakuum
c_{Medium}: Lichtgeschwindigkeit im Medium

α: Einfallswinkel
β: Brechungswinkel
n_1, n_2: Brechungsindizes
c_1, c_2: Lichtgeschwindigkeiten

Abbildungen mit dünnen Linsen

Abbildungsmaßstab A

$A = \frac{B}{G} = \frac{b}{g}$

Linsengleichung

$\frac{1}{f} = \frac{1}{g} + \frac{1}{b}$

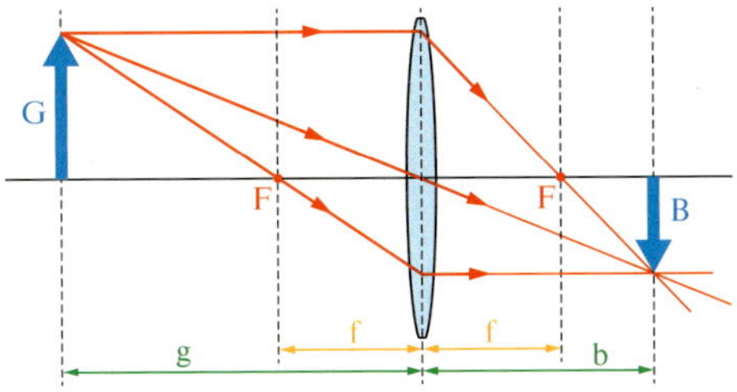

B: Bildgröße
G: Gegenstandsgröße

b: Bildweite
g: Gegenstandsweite
f: Brennweite der Linse

Brechkraft D

$D = \frac{1}{f}$ Einheit: $1\,\text{dpt} = \frac{1}{\text{m}}$

Radioaktivität

Strahlungsmessgrößen

Aktivität A

$A = \frac{\Delta N}{\Delta t}$ Einheit: $1\,\text{Bq} = \frac{1}{\text{s}}$

ΔN: Anzahl der Zerfälle
Δt: Messzeit

Energiedosis D

$D = \frac{E}{m}$ Einheit: $1\,\text{Gy} = 1\,\frac{\text{J}}{\text{kg}}$

E: absorbierte Energie
m: Masse des Körpers

Äquivalentdosis H

$H = D \cdot q$ Einheit: $1\,\text{Sv} = 1\,\frac{\text{J}}{\text{kg}}$

q: Qualitätsfaktor
$q = 1$ für β-, γ-, Röntgenstrahlung
$q = 10$ für schnelle Neutronen
$q = 20$ für α-Strahlung

Radioaktiver Zerfall

Zerfallsgesetz

$N(t) = N_0 \cdot e^{-\lambda \cdot t}$

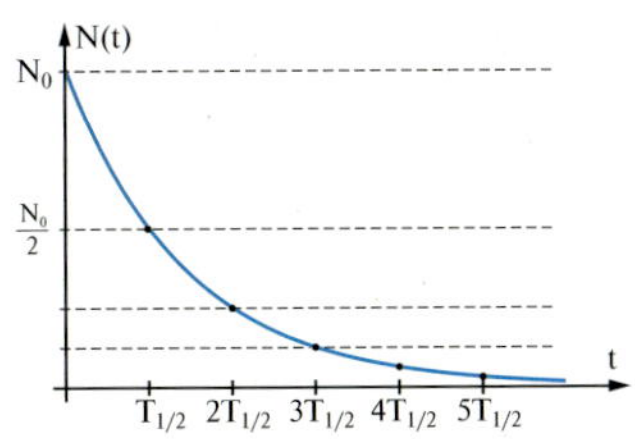

N(t): Anzahl der zum Zeitpunkt t noch nicht zerfallenen Atomkerne
N_0: Anzahl der bei $t = 0$ vorhandenen, nicht zerfallenen Atomkerne
λ: Zerfallskonstante (Einheit: $\frac{1}{\text{s}}$)

Halbwertzeit $T_{1/2}$

$T_{1/2} = \frac{\ln 2}{\lambda}$

Nuklide

Symbolschreibweise für Nuklide

${}^{A}_{Z}X$

X: Elementsymbol
A: Nukleonenzahl ($A = Z + N$)

Z: Protonenzahl
N: Neutronenzahl

Kernumwandlungen

α-Zerfall	${}^{A}_{Z}X \xrightarrow{\alpha} {}^{A-4}_{Z-2}Y + {}^{4}_{2}He$	(α-Teilchen)
β^--Zerfall	${}^{A}_{Z}X \xrightarrow{\beta^-} {}^{A}_{Z+1}Y + {}^{0}_{-1}e$	(Elektron)
β^+-Zerfall	${}^{A}_{Z}X \xrightarrow{\beta^+} {}^{A}_{Z-1}Y + {}^{0}_{+1}e$	(Positron)
γ-Zerfall	${}^{A}_{Z}X^* \xrightarrow{\gamma} {}^{A}_{Z}X + \gamma$	(γ-Quant)

*: angeregter Zustand

Mechanik

Geradlinige Bewegungen

Momentangeschwindigkeit $\vec{v}$

$$v = \lim_{\Delta t \to 0} \frac{\Delta s}{\Delta t} = \frac{ds}{dt} = \dot{s}$$

Einheit: $1\,\frac{m}{s}$

Δs: zurückgelegter Weg
Δt: benötigte Zeitspanne

Momentanbeschleunigung $\vec{a}$

$$a = \lim_{\Delta t \to 0} \frac{\Delta v}{\Delta t} = \frac{dv}{dt} = \dot{v} = \ddot{s}$$

Einheit: $1\,\frac{m}{s^2}$

Δv: Geschwindigkeitsänderung
Δt: benötigte Zeitspanne

Geradlinig gleichförmige Bewegung

$$s = v \cdot t + s_0$$

$$v = \frac{\Delta s}{\Delta t} = \text{konst.}$$

$$a = 0$$

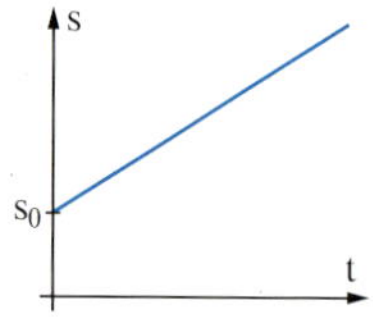

Gleichmäßig beschleunigte Bewegung

$$s = \frac{1}{2} a \cdot t^2 + v_0 \cdot t + s_0$$

$$v = a \cdot t + v_0$$

$$a = \frac{\Delta v}{\Delta t} = \text{konst.}$$

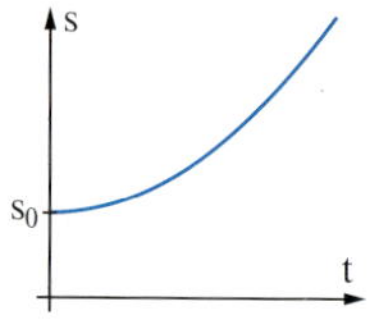

s: Weg
v: Momentangeschwindigkeit
a: Momentanbeschleunigung
t: Zeitpunkt
Δs: zurückgelegter Weg
Δv: Geschwindigkeitsänderung
Δt: benötigte Zeitspanne
s_0: Anfangsort bei $t = 0$
v_0: Anfangsgeschwindigkeit bei $t = 0$

Impuls $\vec{p}$

$$\vec{p} = m \cdot \vec{v}; \qquad p = m \cdot v$$

Einheit: $1\,\frac{kg \cdot m}{s}$

m: Masse
v: Geschwindigkeit

Impulserhaltungssatz

$$\vec{p}_{ges} = \vec{p}_1 + \vec{p}_2 + \ldots + \vec{p}_n = \text{konst.}$$

In einem abgeschlossenen System ist die Summe aller Impulse zu jedem Zeitpunkt konstant.

Gleichförmige Kreisbewegung

Drehwinkel φ

$$\varphi = \frac{s}{r} = \omega \cdot t$$

Einheit: $1\,\text{rad} = \frac{360°}{2\pi}$

s: Bogenlänge
r: Radius
t: Zeitpunkt

Winkelgeschwindigkeit $\vec{\omega}$

$$\omega = \frac{\Delta \varphi}{\Delta t} = \frac{\varphi}{t}$$

$$\omega = \frac{2\pi}{T} = 2\pi \cdot f = \frac{v}{r}$$

Einheit: $1\,\text{rad}\,\frac{1}{s} = 1\,\frac{1}{s}$

Δφ: Änderung des Drehwinkels
Δt: Zeitspanne
T: Umlaufdauer
f: Drehfrequenz ($f = \frac{1}{T}$)

Bahngeschwindigkeit $\vec{v}$

$$v = \omega \cdot r = \frac{2\pi \cdot r}{T} = 2\pi \cdot f \cdot r$$

Einheit: $1\,\frac{m}{s}$

Zentripetalbeschleunigung $\vec{a}_Z$

$$a_Z = \frac{v^2}{r} = \omega^2 \cdot r$$

Einheit: $1\,\frac{m}{s^2}$

Drehimpuls $\vec{L}$

$$\vec{L} = J \cdot \vec{\omega}; \qquad L = J \cdot \omega$$

Einheit: $1\,\text{Nms} = 1\,\frac{kg \cdot m^2}{s}$

J: Trägheitsmoment
ω: Winkelgeschwindigkeit

Drehimpulserhaltungssatz

$$\vec{L}_{ges} = \vec{L}_1 + \vec{L}_2 + \ldots + \vec{L}_n = \text{konst.}$$

In einem abgeschlossenen System ist die Summe aller Drehimpulse zu jedem Zeitpunkt konstant.

NEWTON'sche Gesetze

1. NEWTON-Gesetz (Trägheitssatz)

Jeder Körper verharrt im Zustand der Ruhe oder der gleichförmig geradlinigen Bewegung, solange er nicht durch äußere Kräfte gezwungen wird, seinen Bewegungszustand zu ändern.

2. NEWTON-Gesetz (Grundgleichung der Mechanik)

$\vec{F} = m \cdot \vec{a} = \frac{d(m \cdot \vec{v})}{dt} = \frac{d\vec{p}}{dt}$

Die Kraft $\vec{F}$ auf einen beschleunigten Körper ist das Produkt aus der Masse m des Körpers und der Beschleunigung $\vec{a}$.

3. NEWTON-Gesetz (Wechselwirkung)

$\vec{F}_1 = -\vec{F}_2$
(actio = reactio)

Übt ein Körper 1 eine Kraft $\vec{F}_1$ auf den Körper 2 aus, so übt auch Körper 2 eine entgegengesetzte und gleich große Kraft $\vec{F}_2$ auf Körper 1 aus.

Gravitation

Gravitationskraft $\vec{F}_g$

$F_g = G \frac{m_1 \cdot m_2}{r^2}$ Einheit: 1 N

G: Gravitationskonstante
m_1, m_2: Massen der Körper
r: Abstand der Körper

Zentripetalkraft $\vec{F}_Z$

$F_Z = m \cdot a_Z = m \cdot \frac{v^2}{r} = m \cdot \omega^2 \cdot r$ Einheit: 1 N

m: Masse
a_Z: Zentripetalbeschleunigung

KEPLER'sche Gesetze

1. Die Planeten bewegen sich auf Ellipsen, in deren einem Brennpunkt die Sonne steht.
2. Die Verbindungsstrecke von der Sonne zum Planeten überstreicht in gleichen Zeitspannen gleich große Flächen.
3. Der Quotient aus der dritten Potenz der großen Halbachse a und dem Quadrat der Umlaufzeit T ist für alle Planeten konstant: $\frac{a^3}{T^2} = \text{konst.}$

Harmonische und mechanische Schwingungen

Frequenz f und Kreisfrequenz ω

$f = \frac{n}{t}$; $f = \frac{1}{T}$; $\omega = 2\pi \cdot f = \frac{2\pi}{T}$ Einheiten: 1 Hz bzw. $\frac{1}{s}$

n: Anzahl der Schwingungen
t: Zeitspanne
T: Periodendauer

Gesetze zur harmonischen Schwingung

$y(t) = \hat{y} \cdot \sin(\omega \cdot t + \varphi_0)$
$v(t) = \dot{y}(t) = \hat{y} \cdot \omega \cdot \cos(\omega \cdot t + \varphi_0)$
$a(t) = \ddot{y}(t) = -\hat{y} \cdot \omega^2 \cdot \sin(\omega \cdot t + \varphi_0)$

$F = -D \cdot y = -m \cdot \omega^2 \cdot y$

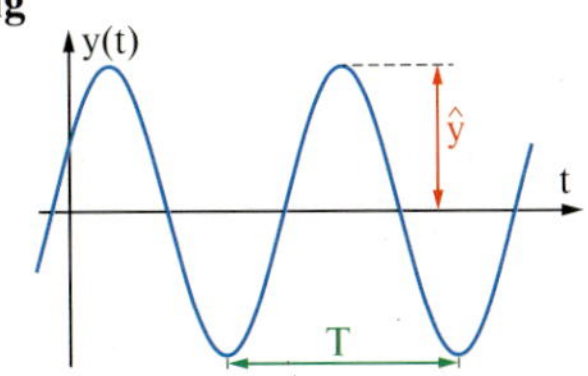

y(t): Auslenkung
v(t): Geschwindigkeit
a(t): Beschleunigung
$\hat{y}$: Amplitude
φ_0: Phasenwinkel bei t = 0
D: Richtgröße F: Kraft

Periodendauer des Fadenpendels

$T = 2\pi \cdot \sqrt{\frac{l}{g}}$ Einheit: 1 s

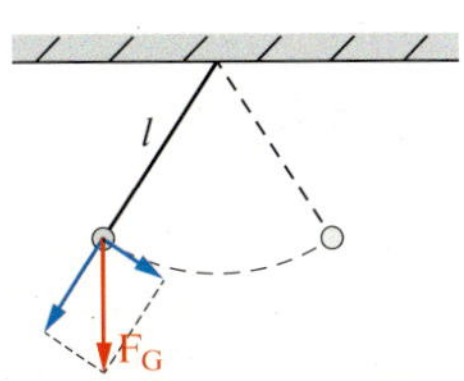

l: Pendellänge
g: Ortsfaktor

Periodendauer des Federpendels

$T = 2\pi \cdot \sqrt{\frac{m}{D}}$ Einheit: 1 s

m: Pendelmasse
D: Federkonstante

Elektrizitätslehre

Ladung und elektrisches Feld

Ladung Q(t) und elektrische Stromstärke I(t)

$I(t) = \frac{dQ(t)}{dt} = \dot{Q}(t)$ Einheit: $1\,A = 1\,\frac{C}{s}$

$Q = \int_{t_1}^{t_2} I(t)\,dt$ Einheit: 1 C

Q: In der Zeitspanne zwischen t_1 und t_2 geflossene Ladungsmenge

Elektrische Spannung U

$U = \Phi_2 - \Phi_1 = \frac{W}{q}$ Einheit: $1\,V = 1\,\frac{J}{C}$

Φ_1, Φ_2: elektrisches Potential
q: transportierte Ladung
W: an der Ladung verrichtete Arbeit

Elektrische Feldstärke $\vec{E}$

$\vec{E} = \frac{\vec{F}}{q}$; $E = \frac{F}{q}$ Einheit: $1\,\frac{N}{C} = 1\,\frac{V}{m}$

$\vec{F}$, F: elektrische Feldkraft
q: Probeladung

Flächenladungsdichte σ

$\sigma = \frac{Q}{A}$ Einheit: $1\,\frac{C}{m^2}$

$\sigma = \varepsilon_0 \cdot E$

Q: Ladungsmenge A: Größe der Fläche
ε_0: elektrische Feldkonstante
E: elektrische Feldstärke

Radialsymmetrisches Feld im Vakuum

$E = \frac{1}{4\pi\varepsilon_0} \cdot \frac{Q}{r^2}$

$F = \frac{1}{4\pi\varepsilon_0} \cdot \frac{Q_1 \cdot Q_2}{r^2}$

$\Phi = \frac{1}{4\pi\varepsilon_0} \cdot \frac{Q}{r}$

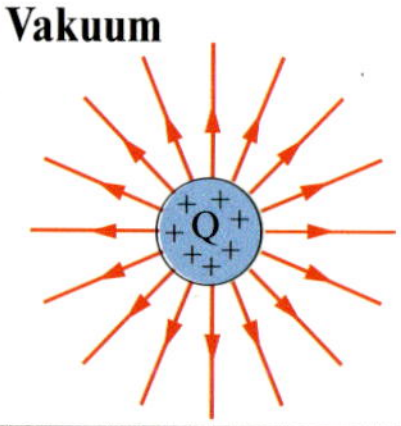

E: elektrische Feldstärke im Abstand r von Q
Q: felderzeugende Ladung
F: Kraft zwischen den Punktladungen Q_1 und Q_2
Φ: elektrisches Potential im Abstand r von Q
ε_0: elektrische Feldkonstante

Kondensator

Kapazität C

$C = \frac{Q}{U}$ Einheit: $1\,F = 1\,\frac{C}{V}$

Q: gespeicherte Ladungsmenge
U: anliegende Spannung

Plattenkondensator

Kapazität C:

$C = \varepsilon_0 \cdot \varepsilon_r \cdot \frac{A}{d}$

Elektrische Feldstärke E im homogenen Feld:

$E = \frac{U}{d}$

Geschwindigkeit v eines Elektrons nach Durchlaufen des Feldes im Vakuum:

$v = \sqrt{2 \cdot \frac{e}{m_e} \cdot U}$

Im Feld gespeicherte elektrische Energie W_{el}:

$W_{el} = \frac{1}{2} C \cdot U^2 = \frac{1}{2} Q \cdot U$

A: Fläche einer Kondensatorplatte
d: Plattenabstand
ε_0: elektrische Feldkonstante
ε_r: Dielektrizitätszahl
e: Elementarladung
m_e: Elektronenmasse
U: anliegende Spannung
Q: gespeicherte Ladungsmenge

Reihenschaltung von Kondensatoren

$\frac{1}{C_{Ersatz}} = \frac{1}{C_1} + \frac{1}{C_2} + \ldots + \frac{1}{C_n}$

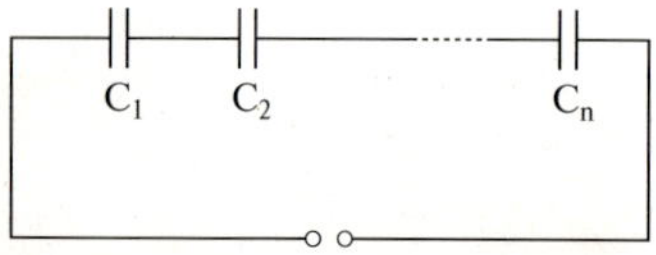

Parallelschaltung von Kondensatoren

$C_{Ersatz} = C_1 + C_2 + \ldots + C_n$

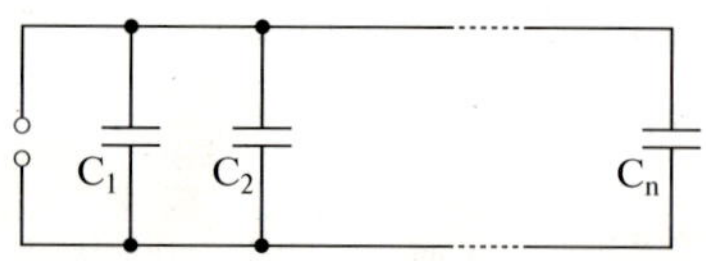

Magnetisches Feld

Magnetische Flussdichte $\vec{B}$

$B = \frac{F}{I \cdot l}$ Einheit: $1\ T = 1\ \frac{N}{A \cdot m}$

für einen langen, geraden Leiter:

$B = \mu_0 \cdot \mu_r \cdot \frac{I}{2\pi \cdot r}$

für eine lange Spule:

$B = \mu_0 \cdot \mu_r \cdot \frac{n\,I}{l}$

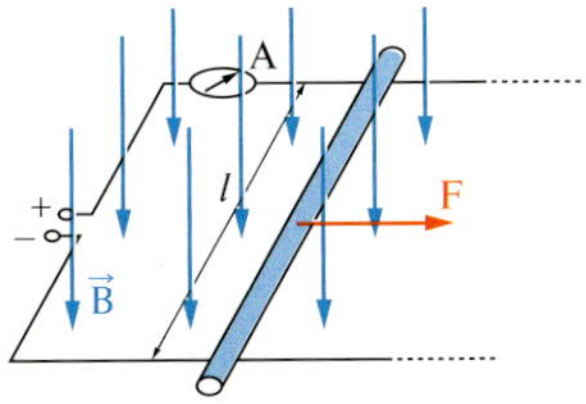

F: Kraft auf einen stromdurchflossenen Leiter
I: Stromstärke
l: Länge des Leiters/der Spule
r: Abstand vom Leiter
n: Anzahl der Windungen
μ_0: magnetische Feldkonstante
μ_r: Permeabilitätszahl

Lorentz-Kraft $\vec{F}_L$

falls $\vec{v} \perp \vec{B}$: $F_L = q \cdot v \cdot B$

sonst:

$F_L = q \cdot v \cdot B \cdot \sin(\alpha)$

$\vec{F}_L = q \cdot \vec{v} \times \vec{B}$

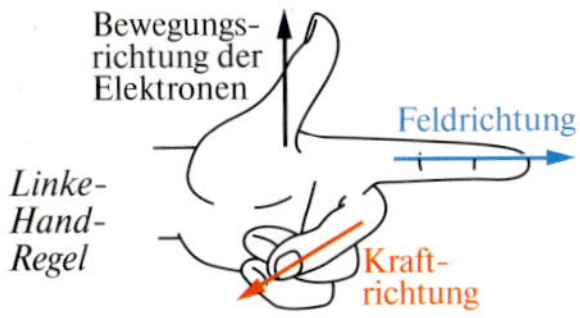

q: im Feld bewegte Ladung
v: Geschwindigkeit der Ladung
B: magnetische Flussdichte
α: Winkel zwischen $\vec{v}$ und $\vec{B}$

Hallspannung U_H

$U_H = R_H \cdot \frac{I \cdot B}{d}$

$U_H = B \cdot v_D \cdot b$

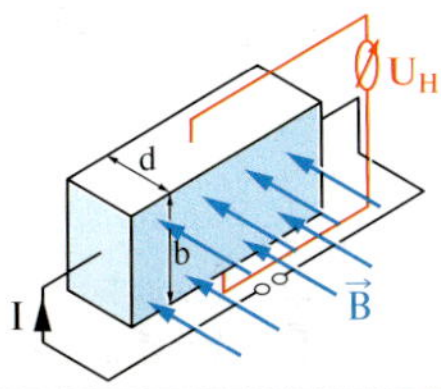

R_H: Hallkonstante
I: Stromstärke
B: magnetische Flussdichte
v_D: Driftgeschwindigkeit

Elektromagnetische Induktion

Magnetischer Fluss Φ

$\Phi = B \cdot A_S$
mit $A_S = A \cdot \cos(\alpha)$

Einheit:
1 Wb = 1 Vs

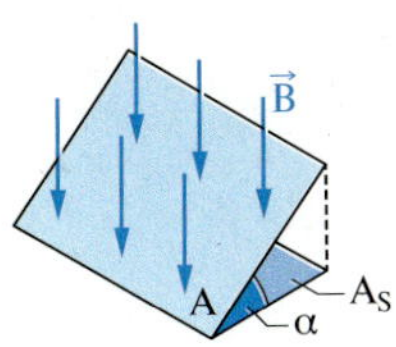

B: magn. Flussdichte (konstant)
A_S: senkrecht von Feldlinien durchsetztes Flächenstück
A: Fläche

Induktionsspannung U_{ind}

$U_{ind} = -n \cdot \frac{d\Phi}{dt} = -n \cdot \dot{\Phi}$ Einheit: 1 V

$= -n \cdot \left(\dot{A}_S \cdot B + A_S \cdot \dot{B}\right)$

n: Anzahl der Leiterschleifen

Falls B konstant ist und ein Leiter der Länge l senkrecht zu den Feldlinien gleichförmig mit der Geschwindigkeit v bewegt wird:

$U_{ind} = B \cdot l \cdot v$

Selbstinduktionsspannung U_{ind} und Induktivität L

$U_{ind} = -L \cdot \frac{dI}{dt}$

für eine lange Spule:

$L = \mu_0 \cdot \mu_r \cdot n^2 \cdot \frac{A}{l}$

Einheit: 1 V

im magnetischen Feld einer Spule gespeicherte Energie W_{magn}:

$W_{magn} = \frac{1}{2} \cdot L \cdot I^2$

I: Stromstärke

Elektromagnetischer Schwingkreis

$T = 2\pi \cdot \sqrt{L \cdot C}$

Differenzialgleichung:

$\frac{1}{C} \cdot I(t) + L \cdot \ddot{I}(t) = 0$

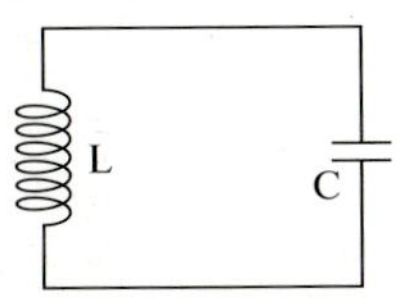

T: Periodendauer
L: Induktivität
C: Kapazität

Optik

Wellenoptik

Lichtgeschwindigkeit

$c = \lambda \cdot f$ Einheit: $1\,\frac{m}{s}$

λ: Wellenlänge
f: Frequenz

Interferenzbedingungen

konstruktive Interferenz: $\Delta s = n \cdot \lambda$

destruktive Interferenz: $\Delta s = (2n + 1) \cdot \frac{\lambda}{2}$

$n = 0, 1, 2, 3, \ldots$
Δs: Gangunterschied
λ: Wellenlänge

Interferenz am Einzelspalt

Maximum n-ter Ordnung:

$$\sin(\alpha_n) = \frac{(2n+1) \cdot \lambda}{2d} \approx \frac{s_n}{e} = \tan(\alpha_n)$$

Minimum n-ter Ordnung:

$$\sin(\alpha_n) = \frac{n \cdot \lambda}{d} \approx \frac{s_n}{e} = \tan(\alpha_n)$$

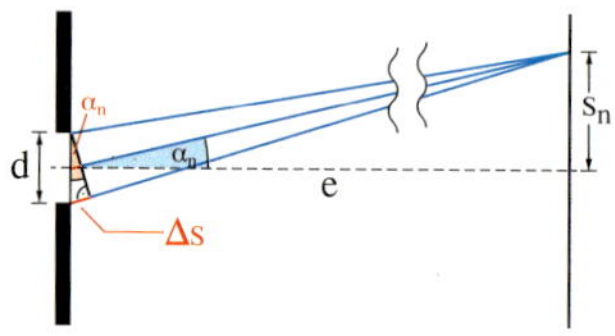

$n = 1, 2, 3, \ldots$
d: Spaltbreite
e: Abstand zwischen Spalt und Schirm
s_n: Abstand vom Hauptmaximum

Für kleine Winkel ($\alpha < 5°$) gilt in guter Näherung: $\sin(\alpha) \approx \tan(\alpha)$

Interferenz am Doppelspalt und am Gitter

Maximum n-ter Ordnung:

$$\sin(\alpha_n) = \frac{n \cdot \lambda}{g} \approx \frac{s_n}{e} = \tan(\alpha_n)$$

Beim Doppelspalt
Minimum n-ter Ordnung:

$$\sin(\alpha_n) = \frac{(2n+1) \cdot \lambda}{2g} \approx \frac{s_n}{e} = \tan(\alpha_n)$$

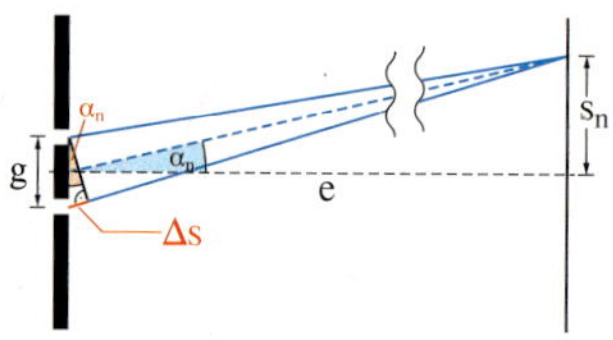

$n = 0, 1, 2, 3, \ldots$
g: Spaltabstand bzw. Gitterkonstante
e: Abstand zwischen Doppelspalt bzw. Gitter und Schirm
s_n: Abstand vom Hauptmaximum

Interferenz am Kristallgitter

Bragg-Bedingung für das Maximum n-ter Ordnung:

$n \cdot \lambda = 2d \cdot \sin(\alpha_n)$

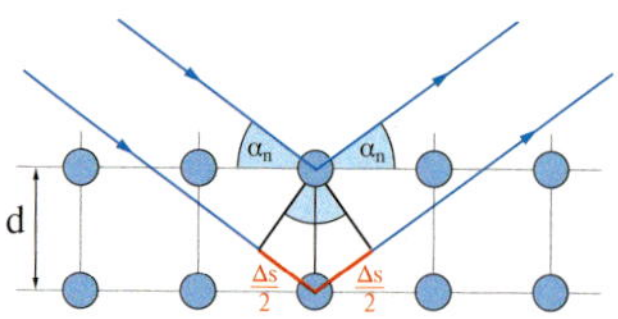

$n = 1, 2, 3, \ldots$
λ: Wellenlänge
d: Abstand der Netzebenen
α_n: Einfalls-/Reflexionswinkel

Thermodynamik

Grundgleichung der Wärmelehre

$Q = c \cdot m \cdot \Delta T$ Einheit: 1 J

Q: übertragene Wärme
c: spezifische Wärmekapazität
m: Masse des Körpers
ΔT: Temperaturänderung

Gasgesetze (für ideale Gase)

Boyle-Mariotte: $p \cdot V =$ konstant bei konstanter Temperatur

Gay-Lussac: $\frac{V}{T} =$ konstant bei konstantem Druck

Amontons: $\frac{p}{T} =$ konstant bei konstantem Volumen

T: Temperatur des Gases
p: Druck im Gas
V: eingeschlossenes Gasvolumen

Quantenphysik

Energie E, Impuls p und Masse m_{Ph} des Photons

$E = h \cdot f$ Einheit: 1 J

$p = \frac{E}{c} = \frac{h \cdot f}{c} = \frac{h}{\lambda}$ Einheit: $1\,\frac{kg \cdot m}{s}$

$m_{Ph} = \frac{E}{c^2} = \frac{h \cdot f}{c^2} = \frac{h}{c \cdot \lambda}$ Einheit: 1 kg

h: PLANCK'sches Wirkungsquantum
c: Lichtgeschwindigkeit
f: Frequenz
λ: Wellenlänge

Äußerer lichtelektrischer Effekt

EINSTEIN'sche Gleichung:
$h \cdot f = W_A + E_{kin}$ bzw.
$E_{kin} = h \cdot f - W_A$

Austrittsarbeit W_A des Elektrons aus der Metalloberfläche:
$W_A = h \cdot f_G$

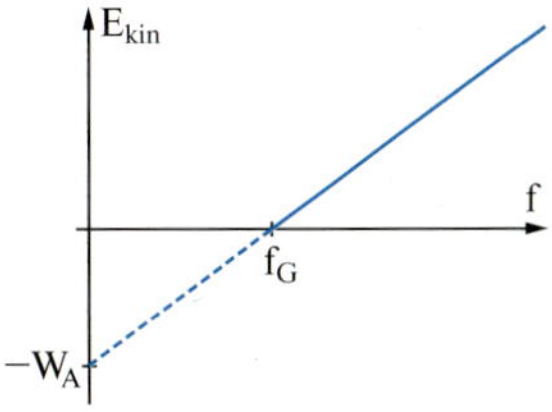

f_G: Grenzfrequenz, unterhalb der keine Elektronen freigesetzt werden können
E_{kin}: kinetische Energie des ausgelösten Elektrons

Kurzwellige Grenze λ_G des Röntgenspektrums

$E_{max} = e \cdot U_B = h \cdot f_G = h \cdot \frac{c}{\lambda_G}$

$\lambda_G = \frac{h \cdot c}{e \cdot U_B}$

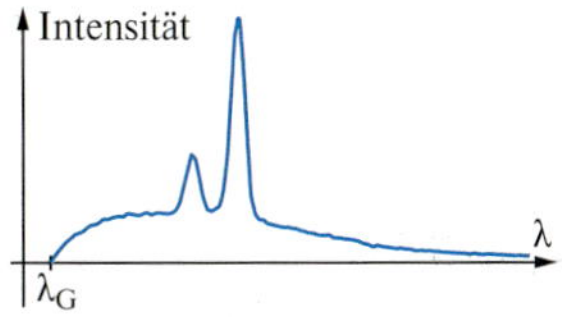

E_{max}: maximale Photonenenergie
e: Elementarladung
U_B: Beschleunigungsspannung
f_G: maximale Frequenz des kontinuierlichen Spektrums

DE-BROGLIE-Wellenlänge λ

$\lambda = \frac{h}{p} = \frac{h}{m \cdot v}$ Einheit: 1 m

p: Impuls des Teilchens
m: Masse
v: Geschwindigkeit

HEISENBERG'sche Unschärferelationen

$\Delta x \cdot \Delta p_x \geqq \frac{h}{4\pi}$

$\Delta E \cdot \Delta t \geqq \frac{h}{4\pi}$

Δx: Unschärfe der x-Koordinate
Δp_x: Unschärfe der x-Komponente des Impulses
ΔE: Unschärfe der Energie
Δt: Unschärfe der Zeit

Atomphysik

Emission oder Absorption eines Photons

$\Delta E = E_n - E_m = h \cdot f$

ΔE: Energiedifferenz
E_n, E_m: Energieniveaus des Atoms
h: PLANCK'sches Wirkungsquantum
f: Frequenz

Energieniveaus E_n beim Wasserstoffatom

$E_n = -\frac{m_e e^4}{8 \varepsilon_0^2 h^2} \cdot \frac{1}{n^2} = -13{,}6\ \text{eV} \cdot \frac{1}{n^2}$

Frequenzen der Spektrallinien

$f = R_y \cdot \left(\frac{1}{n^2} - \frac{1}{m^2}\right)$

$R_y = \frac{m_e e^4}{8 \varepsilon_0^2 h^3} = 3{,}289842 \cdot 10^{15}\ \text{Hz}$

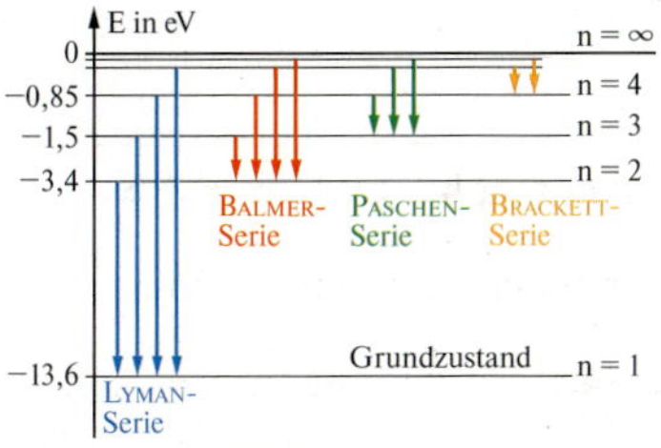

m_e: Masse des Elektrons
e: Elementarladung
ε_0: elektrische Feldkonstante
R_y: RYDBERG-Frequenz

Physikalische Konstanten, Größen und Einheiten

Fundamentale Naturkonstanten *

* Quelle: Codata Datenbank 2010

Lichtgeschwindigkeit im Vakuum	c	$2{,}99792458 \cdot 10^{8}$ m/s
PLANCK'sches Wirkungsquantum	h	$6{,}62606957 \cdot 10^{-34}$ Js
Universelle Gaskonstante	R	$8{,}314462$ J/(mol · K)
AVOGADRO-Konstante	N_A	$6{,}022141 \cdot 10^{23} \frac{1}{\text{mol}}$
BOLTZMANN-Konstante	$k = R/N_A$	$1{,}380649 \cdot 10^{-23}$ J/K
STEFAN-BOLTZMANN-Konstante	σ	$5{,}670373 \cdot 10^{-8}$ W/(m^2 · K^4)
Atomare Masseneinheit	u	$1{,}660539 \cdot 10^{-27}$ kg
RYDBERG-Konstante	R_H, R_∞	$1{,}097373 \cdot 10^{7} \frac{1}{\text{m}}$
RYDBERG-Frequenz	$R_y = c \cdot R_\infty$	$3{,}289842 \cdot 10^{15}$ Hz

Feldkonstanten *

Gravitationskonstante	γ, G	$6{,}674 \cdot 10^{-11} \frac{\text{m}^3}{\text{kg} \cdot \text{s}^2}$
Magnetische Feldkonstante	μ_0	$4\pi \cdot 10^{-7} \frac{\text{Vs}}{\text{Am}} \approx 1{,}256637 \cdot 10^{-6} \frac{\text{Vs}}{\text{Am}}$
Elektrische Feldkonstante	ε_0	$\frac{1}{\mu_0 \cdot c^2} \frac{\text{As}}{\text{Vm}} \approx 8{,}854188 \cdot 10^{-12} \frac{\text{As}}{\text{Vm}}$

Elementarteilchen *

Elementarladung	e	$1{,}602177 \cdot 10^{-19}$ C
Masse des Elektrons	m_e	$9{,}109383 \cdot 10^{-31}$ kg
Masse des Protons	m_p	$1{,}672622 \cdot 10^{-27}$ kg
Masse des Neutrons	m_n	$1{,}674927 \cdot 10^{-27}$ kg

Normgrößen

Ortsfaktor (Normfallbeschleunigung)	g	$9{,}80665$ m/s^2 $\approx 9{,}81$ m/s^2
Normtemperatur	T_0	0 °C = 273,15 K
Normdruck	p_0	1013,25 hPa = 1,01325 bar
Molvolumen idealer Gase	V_0, V_m	22,414 *l*/mol
Schallgeschwindigkeit in Luft bei 20 °C	c_L	343 m/s

Astronomische Größen

mittlerer Erdradius	r_E	$6{,}371 \cdot 10^{6}$ m = 6371 km
Erdmasse	m_E	$5{,}974 \cdot 10^{24}$ kg
mittlere Entfernung Erde – Sonne	AE	$1{,}496 \cdot 10^{11}$ m (Astronomische Einheit)

Mechanik

Länge	s, *l*	1 m (Meter)	SI-Basiseinheit
Zeit	t	1 s (Sekunde)	SI-Basiseinheit
Geschwindigkeit	v	$1\,\frac{m}{s}$	$1\,\frac{m}{s} = 3{,}6\,\frac{km}{h}$
Beschleunigung	a	$1\,\frac{m}{s^2}$	$1\,\frac{m}{s^2} = 1\,\frac{N}{kg}$
Masse	m, M	1 kg (Kilogramm)	SI-Basiseinheit
Kraft	F	1 N (Newton)	$1\,N = 1\,\frac{kg \cdot m}{s^2} = 1\,\frac{J}{m}$
Impuls	p	$1\,\frac{kg \cdot m}{s}$	$1\,\frac{kg \cdot m}{s} = 1\,N \cdot s$
Druck	p	1 Pa (Pascal)	$1\,Pa = 1\,\frac{N}{m^2}$ $\quad 1\,bar = 10\,\frac{N}{cm^2}$
Dichte	ϱ	$1\,\frac{kg}{m^3}$	$1\,\frac{kg}{m^3} = 0{,}001\,\frac{g}{cm^3}$
Arbeit Energie	W E	1 J (Joule)	$1\,J = 1\,N \cdot m = 1\,\frac{kg \cdot m^2}{s^2} = 1\,W \cdot s$
Leistung	P	1 W (Watt)	$1 W = 1\,\frac{J}{s} = 1\,\frac{N \cdot m}{s} = 1\,\frac{kg \cdot m^2}{s^3} = 1\,V \cdot A$
Drehmoment	M	1 Nm	$1\,N \cdot m = 1\,J = 1\,\frac{kg \cdot m^2}{s^2}$
Drehimpuls	L	1 Nms	$1\,N \cdot m \cdot s = 1\,J \cdot s = 1\,\frac{kg \cdot m^2}{s}$

Thermodynamik

Temperatur	T ϑ	1 K (Kelvin) 1 °C (Grad Celsius)	SI-Basiseinheit 0 °C = 273,15 K
Stoffmenge	n	1 mol (Mol)	SI-Basiseinheit
Wärmekapazität	C	$1\,\frac{J}{K}$	$1\,\frac{J}{K} = 1\,\frac{kg \cdot m^2}{s^2 \cdot K}$
spezifische/molare Wärme-kapazität	c/c_m	$1\,\frac{J}{K \cdot kg}$ / $1\,\frac{J}{K \cdot mol}$	

Elektrizitätslehre und Magnetismus

Ladung	q, Q	1 C (Coulomb)	$1\,C = 1\,A \cdot s$
Elektrische Stromstärke	I	1 A (Ampere)	SI-Basiseinheit
Elektrische Spannung	U	1 V (Volt)	$1\,V = 1\,\frac{J}{C} = 1\,\frac{J}{A \cdot s} = 1\,\frac{kg \cdot m^2}{A \cdot s^3}$
Elektrischer Widerstand	R	1 Ω (Ohm)	$1\,\Omega = 1\,\frac{V}{A}$
Kapazität	C	1 F (Farad)	$1\,F = 1\,\frac{A \cdot s}{V}$
Elektrische Feldstärke	E	$1\,\frac{V}{m}$	$1\,\frac{V}{m} = 1\,\frac{kg \cdot m}{A \cdot s^3} = 1\,\frac{N}{C}$
Magnetische Flussdichte	B	1 T (Tesla)	$1\,T = 1\,\frac{N}{m \cdot A} = 1\,\frac{V \cdot s}{m^2}$
Magnetischer Fluss	Φ	1 Wb (Weber)	$1\,Wb = 1\,T \cdot m^2 = 1\,V \cdot s = 1\,\frac{kg \cdot m^2}{s^2 \cdot A}$
Induktivität	L	1 H (Henry)	$1\,H = 1\,\frac{Wb}{A} = 1\,\frac{kg \cdot m^2}{s^2 \cdot A^2}$

Allgemeines

Molare Masse:	$M = \frac{m}{n}$	
Molares Volumen:	$V_m = \frac{V}{n}$	Für ideale Gase bei 273,15 K, 1013 hPa gilt: $V_m = 22{,}414\ \frac{l}{mol}$
Ideales Gasgesetz:	$p \cdot V = n \cdot R \cdot T$	
Stoffmengenkonzentration:	$c = \frac{n}{V}$	
Massenkonzentration:	$\beta = \frac{m}{V}$	
Massenprozent:	$\% = \frac{g}{100g}$	
Volumenprozent:	$Vol.\% = \frac{ml}{100\ ml}$	

m: Masse (Einheit: g)
n: Stoffmenge (Einheit: mol)
V: Volumen (Einheit: *l*)
p: Druck (Einheit: kPa)
R: Gaskonstante ($8{,}314\ J \cdot K^{-1} \cdot mol^{-1}$)
T: Temperatur (Einheit: K)

Chemische Thermodynamik

Molare Volumenarbeit:	$W_m = -p \cdot \Delta_R V_m$
Molare Reaktionsenergie:	$\Delta_R U_m = Q_m - p \cdot \Delta_R V_m$
Molare Reaktionsenthalpie:	$\Delta_R H_m = \Delta_R U_m + p \cdot \Delta_R V_m = \Delta_R U_m - W_m$
Molare Standardreaktionsenthalpie:	$\Delta_R H^0_m = \sum \Delta_f H^0_{m_P} - \sum \Delta_f H^0_{m_E}$
Entropie:	$S = k \cdot \ln W = \frac{R}{N_A} \cdot \ln W$
Molare Standardreaktionsentropie:	$\Delta_R S^0_m = \sum S^0_{m_P} - \sum S^0_{m_E}$
Molare freie Reaktionsenthalpie (GIBBS-HELMHOLTZ-Gleichung):	$\Delta_R G_m = \Delta_R H_m - T \cdot \Delta_R S_m$

p: Druck (Einheit: Pa)
$\Delta_R V_m$: molares Reaktionsvolumen (Einheit: $l \cdot mol^{-1}$)
Q_m: molare Reaktionswärme ($J \cdot mol^{-1}$)
W_m: molare Volumenarbeit ($J \cdot mol^{-1}$)
k: BOLTZMANN-Konstante $1{,}381 \cdot 10^{-23}\ J \cdot K^{-1}$
S^0_m: molare Standardentropie (Einheit: $J \cdot mol^{-1} \cdot K^{-1}$)
P: Produkte E: Edukte
T: Temperatur (Einheit: K)
$\Delta_R S_m$: molare Reaktionsentropie (Einheit: $J \cdot mol^{-1} \cdot K^{-1}$)
W: statistisches Gewicht
$\Delta_f H^0_m$: molare Standardbildungsenthalpie (Einheit: $J \cdot mol^{-1}$)

Reaktionskinetik

Durchschnittsgeschwindigkeit (Sekantensteigung):

Edukte: $\bar{v} = -\frac{\Delta c}{\Delta t}$

Produkte: $\bar{v} = +\frac{\Delta c}{\Delta t}$

Momentangeschwindigkeit (Tangentensteigung):

Edukte: $v = -\frac{dc}{dt}$

Produkte: $v = +\frac{dc}{dt}$

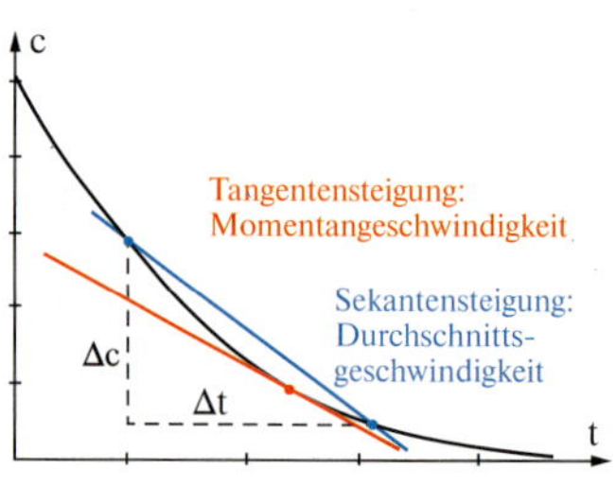

c: Konzentration
t: Zeit
k: Geschwindigkeitskonstante (stoffspezifisch)
R: Gaskonstante ($8{,}314\ J \cdot K^{-1} \cdot mol^{-1}$)
T: Temperatur (Einheit: K)
E_A: Aktivierungsenergie ($J \cdot mol^{-1}$)
A: ARRHENIUS-Konstante (Frequenzfaktor)
e: EULER'sche Zahl (2,7183)

Geschwindigkeitsgleichung für Reaktionen (Elementarreaktionen):

0. Ordnung ($A \rightarrow B$): $v = k$
1. Ordnung ($A \rightarrow B + C$): $v = k \cdot c(A)$
2. Ordnung ($2A \rightarrow B + ...$ bzw. $A + B \rightarrow C + ...$): $v = k \cdot c^2(A)$ bzw. $k_A \cdot c(A) \cdot k_B \cdot c(B)$

ARRHENIUS-Gleichung: $k = A \cdot e^{-\frac{E_A}{R \cdot T}}$

Chemisches Gleichgewicht

Massenwirkungsgesetz:
Für die Reaktion $v_A \cdot A + v_B \cdot B \rightleftharpoons v_C \cdot C + v_D \cdot D$ wird die Gleichgewichtskonstante wie folgt berechnet:

$K_c = \frac{c^{v_C}(C) \cdot c^{v_D}(D)}{c^{v_A}(A) \cdot c^{v_B}(B)}$ bzw. bei gasförmigen Stoffen:

$K_p = \frac{p^{v_C}(C) \cdot p^{v_D}(D)}{p^{v_A}(A) \cdot p^{v_B}(B)}$.

c: Stoffmengenkonzentration (Einheit: $mol \cdot l^{-1}$)
p: Partialdruck (Einheit: hPa)

Löslichkeitsprodukt:
Das Gleichgewicht zwischen einem Feststoff und seinen Ionen in Lösung wird durch das Löslichkeitsprodukt beschrieben.
Für die Reaktion $A_mB_n \rightleftharpoons mA^{i+} + nB^{j-}$ gilt:
$K_L = c^m(A^{i+}) \cdot c^n(B^{j-})$.

pH-Wert

pH-Wert allgemein:	$pH = -\log c(H_3O^+)$
pH-Wert einer starken Säure:	$pH = -\log c_0(\text{Säure})$
pH-Wert einer schwachen Säure:	$pH = \frac{pK_S - \log c_0(\text{Säure})}{2}$
Puffergleichgewicht (HENDERSON-HASSELBALCH-Gleichung):	$pH = pK_S - \log\left(\frac{c(\text{korr. Säure})}{c(\text{korr. Base})}\right)$

c_0: Ausgangskonzentration (Einheit: $mol \cdot l^{-1}$)
pK_S: $-\log K_S$ mit K_S Säurekonstante (stoffspezifisch)

Elektrochemie

FARADAY'sche Gesetze:

1. Die bei der Elektrolyse abgeschiedenen Stoffmengen sind proportional zu der durch den Elektrolyten hindurchgeflossenen Ladungsmenge: $n \sim I \cdot t$.
2. Eine gleiche Ladungsmenge scheidet aus verschiedenen Elektrolyten stets gleiche Äquivalentmassen der Stoffe ab: $n_1 : n_2 = z_2 : z_1$.

Zellspannung unter Standardbedingungen:	$\Delta E = E^0(A) - E^0(D)$
NERNST'sche Gleichung:	$E = E^0 + \frac{R \cdot T}{z \cdot F} \cdot \ln \frac{c(Ox)}{c(Red)}$
Für $\vartheta = 25\,°C$ gilt:	$E = E^0 + \frac{0{,}059\,V}{z} \cdot \log \frac{c(Ox)}{c(Red)}$
Größengleichungen für die Elektrochemie:	$I \cdot t = n \cdot z \cdot F$ $\frac{m}{M} = \frac{I \cdot t}{F \cdot z}$

$E^0(A)/E^0(D)$: Elektrodenpotenzial der Akzeptor-/Donatorhalbzelle in Bezug auf die Standard-Wasserstoff-Halbzelle (Einheit: V)
E: Redoxpotential (Einheit: V)
E^0: Standardpotential des Redoxpaars (Einheit: V)
R: Gaskonstante ($8{,}314\,J \cdot K^{-1} \cdot mol^{-1}$)
T: Temperatur (Einheit: K)
F: FARADAY-Konstante ($96485{,}34\,C \cdot mol^{-1}$)
c(Ox)/c(Red): Stoffmengenkonzentration des Oxidations-/Reduktionsmittels (Einheit: $mol \cdot l^{-1}$)
m: Masse (Einheit: g)
M: Molare Masse (Einheit: $g \cdot mol^{-1}$)
z: pro Formelumsatz ausgetauschte Anzahl von Elektronen
I: Stromstärke (Einheit: A)
t: Zeit (Einheit: s)
n: Stoffmenge (Einheit: mol)

Atommasse in u — 26,98 1,6 — Elektronegativität (PAULING)
Al — Elementsymbol
Ordnungszahl (Protonenzahl) — 13
Aluminium — Elementname

Eine eingeklammerte Atommasse gibt die Masse eines wichtigen Isotops des Elements an

schwarz = feste Elemente
rot = gasförmige Elemente
blau = flüssige Elemente
weiß = künstliche Elemente
grün = natürliche radioaktive Elemente

Metalle | Halbmetalle | Nichtmetalle

Perioden	Hauptgruppen I	Hauptgruppen II	Nebengruppen III	IV	V	VI	VII	VIII	VIII	VIII	I	II	Hauptgruppen III	IV	V	VI	VII	VIII
1 K-Schale	1,01 2,1 H 1 Wasserstoff																	4,00 He 2 Helium
2 L-Schale	6,94 1,0 Li 3 Lithium	9,01 1,5 Be 4 Beryllium											10,81 2,0 B 5 Bor	12,01 2,5 C 6 Kohlenstoff	14,01 3,0 N 7 Stickstoff	16,00 3,5 O 8 Sauerstoff	19,00 4,0 F 9 Fluor	20,18 Ne 10 Neon
3 M-Schale	22,99 0,9 Na 11 Natrium	24,31 1,3 Mg 12 Magnesium											26,98 1,6 Al 13 Aluminium	28,09 1,9 Si 14 Silicium	30,97 2,2 P 15 Phosphor	32,07 2,6 S 16 Schwefel	35,45 3,2 Cl 17 Chlor	39,95 Ar 18 Argon
4 N-Schale	39,10 0,8 K 19 Kalium	40,08 1,0 Ca 20 Calcium	44,96 1,4 Sc 21 Scandium	47,88 1,5 Ti 22 Titan	50,94 1,6 V 23 Vanadium	51,99 1,7 Cr 24 Chrom	54,94 1,6 Mn 25 Mangan	55,85 1,8 Fe 26 Eisen	58,93 1,9 Co 27 Cobalt	58,69 1,9 Ni 28 Nickel	63,55 1,9 Cu 29 Kupfer	65,39 1,7 Zn 30 Zink	69,72 1,8 Ga 31 Gallium	72,61 2,0 Ge 32 Germanium	74,92 2,2 As 33 Arsen	78,96 2,6 Se 34 Selen	79,90 3,0 Br 35 Brom	83,80 Kr 36 Krypton
5 O-Schale	85,47 0,8 Rb 37 Rubidium	87,62 1,0 Sr 38 Strontium	88,91 1,2 Y 39 Yttrium	91,22 1,3 Zr 40 Zirconium	92,91 1,6 Nb 41 Niob	95,94 2,2 Mo 42 Molybdän	(99) 1,9 Tc 43 Technetium	101,07 2,2 Ru 44 Ruthenium	102,91 2,3 Rh 45 Rhodium	106,42 2,2 Pd 46 Palladium	107,87 1,9 Ag 47 Silber	112,41 1,7 Cd 48 Cadmium	114,82 1,8 In 49 Indium	118,71 1,8 Sn 50 Zinn	121,75 2,1 Sb 51 Antimon	127,60 2,1 Te 52 Tellur	126,90 2,7 I 53 Iod	131,29 2,6 Xe 54 Xenon
6 P-Schale	132,91 0,8 Cs 55 Caesium	137,33 0,9 Ba 56 Barium	La-Lu 57–71	178,49 1,3 Hf 72 Hafnium	180,95 1,5 Ta 73 Tantal	183,84 2,4 W 74 Wolfram	186,21 1,9 Re 75 Rhenium	190,23 2,2 Os 76 Osmium	192,22 2,2 Ir 77 Iridium	195,08 2,3 Pt 78 Platin	196,97 2,5 Au 79 Gold	200,59 2,0 Hg 80 Quecksilber	204,38 2,0 Tl 81 Thallium	207,20 1,9 Pb 82 Blei	208,98 2,0 Bi 83 Bismut	(209) 2,0 Po 84 Polonium	(210) 2,2 At 85 Astat	(222) Rn 86 Radon
7 Q-Schale	(223) Fr 87 Francium	(226) 0,9 Ra 88 Radium	Ac-Lr 89–103	(261) Rf 104 Rutherfordium	(262) Db 105 Dubnium	(266) Sg 106 Seaborgium	(264) Bh 107 Bohrium	(269) Hs 108 Hassium	(268) Mt 109 Meitnerium	(271) Ds 110 Darmstadtium	(272) Rg 111 Roentgenium	(277) 112						

Elemente der Lanthan-Reihe	138,91 1,1 La 57 Lanthan	140,12 1,1 Ce 58 Cer	140,91 1,1 Pr 59 Praseodym	144,24 1,1 Nd 60 Neodym	(147) Pm 61 Promethium	150,36 1,2 Sm 62 Samarium	151,96 Eu 63 Europium	157,25 1,2 Gd 64 Gadolinium	158,93 1,2 Tb 65 Terbium	162,50 1,2 Dy 66 Dysprosium	164,93 1,2 Ho 67 Holmium	167,26 1,2 Er 68 Erbium	168,93 1,2 Tm 69 Thulium	173,04 1,1 Yb 70 Ytterbium	174,97 1,2 Lu 71 Lutetium
Elemente der Actinium-Reihe	(227) 1,1 Ac 89 Actinium	(232) 1,3 Th 90 Thorium	(231) 1,5 Pa 91 Protactinium	(238) 1,4 U 92 Uran	(237) 1,4 Np 93 Neptunium	(239) 1,3 Pu 94 Plutonium	(241) 1,3 Am 95 Americium	(244) 1,3 Cm 96 Curium	(249) 1,3 Bk 97 Berkelium	(252) 1,3 Cf 98 Californium	(253) 1,3 Es 99 Einsteinium	(257) 1,3 Fm 100 Fermium	(258) 1,3 Md 101 Mendelevium	(259) 1,3 No 102 Nobelium	(262) Lr 103 Lawrencium

Mathematik

Physik / Chemie